养花那点事儿

绿植之美
80种文艺感观叶植物
挑选·装饰·养护

日本花植旅人（TRANSHIP）著

佟凡 译

机械工业出版社
CHINA MACHINE PRESS

前 言

什么是室内绿植

绿植能装饰房间，
在培育中收获乐趣

大多数被称为室内绿植的植物原本都是热带或亚热带的野生植物，只要控制好温度和湿度就可以茁壮成长，成为能够轻松培育的赏叶植物。室内绿植的特点是散发着蓬勃的生命力，叶子的颜色美丽。就像选择房间中的家具和软装品一样，绿植也可以作为室内装饰的一部分，营造出明快、有情调的空间。

配合室内装饰，应该选用什么品种、尺寸和形状的绿植，配合什么样的花盆，放在房间的什么地方更好看，放在什么地方才能让植物茁壮成长……考虑这些问题时都能感受到无限的乐趣。另外，看着这些绿植出芽、开花，内心也可以感受到小小的喜悦。

希望了解培育的乐趣的人们能感受到装饰的乐趣，而了解装饰的乐趣的人们能感受到培育的乐趣。希望大家将享受点缀有植物的室内装饰作为每天的小确幸。

注意摆放的地方和浇水的方法，
仔细观察植物

无论是在花园、阳台上培育的植物还是在房间中培育的植物，培育方法基本相同。适合四季分明的气候，喜通风的植物适合种在花园中，令人们感觉环境舒适的植物可以作为赏叶植物养在房间中。

很多人会问：室内绿植如果种植在室外会长得不好吗？会长害虫吗？无论是热带还是温带、雨林还是沙漠，植物本来就是在自然中生长的。如果生长状况不好，请考虑有没有照到阳光，通风是否良好，浇水或者湿度（代替雨水和露水）是否适度。在经验逐渐积累的过程中，就能渐渐做出判断，只要在植物身旁细心观察，就能注意到叶子颜色和状态的变化。植物在健康状况不佳时会发出信号，经过很长时间逐渐枯萎。如果自己因为忙碌没有注意到，就已经失去了从容的心态。和室内绿植共同生活能让我们想起因为忙碌而容易忘记的"体谅之心"。

无论是希望从现在开始培育室内绿植的新手，还是想要增加绿植种类的高级爱好者，本书都将为所有喜爱植物的人们介绍经过严格挑选的高人气品种。我也会根据过去所学的知识和每天照顾植物所积累下的经验，向大家讲解植物的培育和装饰方法。希望大家能将本书作为参考来灵活运用，也希望本书能成为大家开始享受室内绿植的契机。

TRANSHIP

安元祥惠

目 录

篇 1　生机勃勃的绿植

导 读
享受室内绿植的方法

■ 选择植物

　　有什么样的植物？你喜欢什么样的植物？想要放在什么地方？让我们从在绿植店中寻找植物开始吧。**本书严格挑选了容易培育、易于搭配室内装饰的室内绿植进行介绍。**即使是同一品种，不同的个体也有各式各样的叶片颜色和形状，而不同的树形给人的印象也完全不同。配合室内装饰选择植物的话更能够增加乐趣。如果大家参考本书选到了称心如意的一株植物，这将会是享受室内绿植的第一步。

■ 装饰植物

　　在房间中放上绿植就能营造出理想的居住空间。想让枯燥无味的房间焕发出光彩，想让房间变得像森林一样，将绿植作为点缀，想要营造出治愈的空间……室内绿植可以实现各种目的。放在什么样的房间，放在哪里，配合什么样的花盆……可在具体的实践中感受到乐趣。**本书也会介绍如何选择适合不同植物的花盆，以及以绿植配合室内装饰时的诀窍。**

■ 培育植物

　　买好植物后就要开始培育了。每天都要照顾植物，比如给它们浇水。并且，树枝会生长，长出新芽，树形眼看着发生了变化，必须要进行修剪和移栽。**本书详细介绍了不同品种培育时的要点。**参考书中列举的培育时会碰到的麻烦和生长时必须要进行的修剪，观察植物生长的情况，和绿植共同生活会变得更加有趣。

1

选择植物

■ 按照喜好选择

比如，橡胶树那样有着大片圆形叶片的植物和鹅掌柴那样有着细小叶片的植物感觉很不一样。叶子的颜色是明亮的绿色还是深绿？是锯齿状的坚硬叶片还是柔软纤细的叶片？首先要想好自己喜欢哪种类型的植物。

另外，**即使是同样的品种，也有笔直生长的树形，修剪后树枝分叉的树形，柔软弯曲的树形，等等。再细分下去，就算同样是弯曲的树形，弯曲的形状也千差万别。**选出特定的品种后到商店购买时，也可能无法遇到正合心意的理想植物。要想遇到一见钟情的一株植物，必须很有耐心地寻访各种店铺。遇到心仪植物时的喜悦和亲切感将成为日后细心培育的动力。

■ 选择摆放的地点

虽然按照喜好选择很重要，但是考虑摆放地点的环境也很必要。**日照是否充足，环境干燥还是湿润，通风是否良好**……根据这些因素，选择的植物也有所不同。

有时在购买植物之前已经确定了摆放的地点，有时只是想要一盆植物，但还没有决定放在哪里。如果是前一种情况，**根据地点选择植物能更好地培育**。不过如果有了喜欢的植物，即使环境不合适，人们通常也想要放在那里，而且有时会想要在通风不好或者日照不足之类的环境恶劣的地方培育植物。在这种情况下，也可以按照自己的想法试一试。

如果真的出现叶子的颜色变差，长不出新芽的情况，再试着改变地点也可以。如果不知道植物该放在什么地方，或者对培育方法有疑问，我建议您与经验丰富的植物店员工商量。

2

装饰植物

选择花盆

■ 让植物和花盆的风格相适应

选择好植物后，接下来该选择花盆了。选择花盆时，不光要配合植物，**还要考虑到与室内装饰的搭配，这样在选择时才会更有乐趣。**

地板和墙壁的颜色，家具是什么颜色、什么材质，花盆的颜色和质感要与这些搭配好。**植物与花盆相配时，如果颜色和质感相协调的话，风格就会统一。**比如，狂野的植物和室内装饰风格适合铁、陶、石头等粗糙的自然材质；柔软明亮的植物和室内装饰风格适合偏白的颜色、圆润光滑的材质和花篮等器具。具体的搭配方式可参考本书中的图片尽情尝试。

■ 花盆形状要配合树形

所选花盆的形状和大小可以衬托出树形的特征，改变植物给人的印象。请记住以下三种情况。

第一，**笔直的流线型植物适合高度较高的朴素花盆，让花盆和植物呈一条直线。**第二，叶片体积较大的植物适合有分量的花盆，注意重心的平衡，平衡不稳的话会让看的人心情不稳。第三，有气生根的植物应该选择能看见气生根、露出根部的高花盆。**在不经意间展现出植物最美的地方，**是享受装饰绿植的要点。

另外，向商店的员工询问植物长大后的形状，配合这一点选择花盆也很重要。是会笔直地生长，枝叶垂下，还是叶片会变得繁茂，根据不同的特点，选择的花盆也会有所不同。

意外的是，搬出室外的时候要选择不会被风吹倒的比较重的花盆，这点很容易被大家遗忘。特别是叶子纤细繁茂的植物，很容易受风的影响。

选择美观实用的花盆，还要考虑到植物生长后的样子进行更换。只要植物持续生长，就会有无尽的乐趣。

装饰房间

■ 装饰时的要点

绿植放在客厅和餐厅时，基本的要点是要放在坐下后能自然映入眼帘的地方以及容易看到的高度，让植物的正面朝外。另外，不要选择布满整个空间的植物，要留出些余地。**要为植物的枝叶留出生长的空间，不要让枝叶前方被墙壁等阻挡。**为植物长大后留出的空白能让植物显得更加生机勃勃，从而最大限度地展现出植物的魅力。

植物一定会朝向太阳生长，因此决定好摆放的地点后，几个月改变一次朝向也很重要，要让植物的各个方向均匀地照到阳光。就算放在太阳照不到的地方，如果不让植物偶尔晒晒太阳的话，它就会枯萎，所以必须每隔一段时间将它移到太阳能照到的地方。在这种情况下，轮换更替植物也是一个办法。植物不善于应对急剧变化的环境，所以将其移动到向阳或背阴处时，要观察着植物的情况循序渐进。

■ 用多盆绿植装饰时

感到犹豫时，基本要**选择生长环境相同的多种植物。**选择多种耐旱的多肉植物，喜阴湿的蕨类植物等在同样地区生长的植物一起培育，会让人心情愉悦。另外，青柳、大戟等植物虽然是类似的品种，却也有不同的形状和颜色。将类似种类的不同品种组合起来可以突显出各个品种的美感，也更容易打理，我很推荐。

组合不同种类的植物时，需要**决定在多个花盆中以哪个为主，**也就是选择让哪一个更引人注目。有时因为植物的品相不同，主角会自然而然地突显出来。比如橡皮树属于乔木，也因其具有吉祥如意的美好花语适合作为主角花，配合草本植物更能被衬托出来，整体风格协调。这种搭配会让人想到雨林的景色。

要感受到植物的优点及其想展现出来的地方，如果只搭配同色系或者同样形状的叶子，每个植物的优点就不突出，因此在绿叶中加入一点红叶，或者搭配不同高度和大小的植物，才会比较协调。**选择将完全不同的植物放在同样的空间中时，也可以通过选择风格相似的花盆协调出多彩的室内装饰风格。**

3

培育植物

■ 培育植物时要考虑到自然界的环境

一般来说，**通风良好，从秋天到春天有适当的日照，夏天避免阳光直射比较好**，这是为什么呢？因为对植物来说，最好的环境就是自然的环境就是自然界。

考虑到自然界的环境，**就算在沼泽这样湿气重的地方也会有微风吹拂，在降水多的地方土壤会适当吸收水分来排水**，因此植物不会一直被泡在水里。所以，如果将植物放在始终关着窗户的地方，或者花盆里全是水的话，植物就会很可怜。

另外，**不能在完全晒不到太阳的地方培育植物**。书上有时会写到某种植物耐阴性好，那是说这种植物健壮，放在背阴处也能生长，或者是在让植物处于休眠状态作为装饰。

单纯关注湿度或单纯关注日照都不能让植物茁壮成长。在植物不健康时尽早发现，思考各种造成植物不健康的原因并加以解决，这也是培育植物的乐趣之一。

在此基础上还要考虑植物原产地的环境。比如雨林中的乔木能直接晒到太阳，所以在日照充足的地方长得好；生长在乔木下方的植物接受的是通过乔木枝叶的阳光的照射，而不是直射光，因此喜欢透过窗帘照射进来的温和的阳光。**要考虑植物的原产地是雨林还是沙漠，热带还是温带，结合其生长的气候就能够找到自己培育时的要点。**

在浇水及选择摆放地点时，应考虑到植物的习性和原产地的气候，抓住培育不同植物的诀窍，这样会感受到更大的乐趣。

■ 关于浇水

土壤表面干燥的话，要充分浇水，直到花盆底部溢出水分。不是"少量多次地浇"，而是"充分干燥后一次浇够"。充分浇水的标准是浇到盛水的地方储满水分，水从花盆底部溢出，这样连续浇上三次。简单来说，就是浇与土壤等量的水，然后将托盘中的水倒掉。

植物从土壤有些干燥的时候到完全干燥期间会努力长出根叶。在植物需要水的时候充分浇水，能最大限度地发挥植物吸水和生长的力量。

总体来说，**大多数植物都耐干燥，但是湿度太大就会马上枯萎**。如果湿度太大，植物会从根部开始腐烂，靠近土壤部位的叶子会变黄脱落。**不要在植物没有精神的时候浇水，因为植物在没有精神时吸收力会变弱，所以此时更该等到土壤干燥，在植物最需要水的时候浇水，让其根部充分发挥吸水的能力。**如果可以的话，应该先观察叶子和枝干的情况再进行浇水；如果植物上没有干燥的现象显现出来，几天不浇水也可以。

将植物摆放在日照不好的地方时，有时就算土壤表面干燥，内部也依然湿润，所以要仔细观察茎有没有徒长。如果没有注意到而连续浇水的话，其根部就会腐烂。土壤中长出蘑菇或霉菌，土壤周围飞来虫子，这些也是浇水过多的标志。

多肉植物缺水时叶片上会出现皱褶，天南星科、蕨类植物和榕属植物等叶片宽大的植物缺水时叶子会下垂，也有的植物会让枝干枯萎来保护自己。

根的粗细及枝干的形状不同，浇水的频率也不同。**根部较粗，枝干中水分较多的植物大多能够储存水分，要注意通风，不要造成湿热的环境；而根部较纤细的植物一旦缺水，叶子就会立刻脱落。**

大部分室内绿植喜欢 20℃以上的温暖的生长环境，冬天吸水的速度会放缓很多，如果浇水太多的话植物会受寒衰弱。花盆中的土壤干燥的时间根据季节和摆放的地点而有所不同，从春天到冬天，在植物发新芽及开花的时候会突然变得干燥，因此很难笼统地说需要几天浇一次水。可以用手触碰土壤表面，掌握适度的浇水时机。

大多数室内绿植喜欢高温潮湿的环境，但室内没有雨水和露水，因此必须在叶片上洒水来保持空气中的湿度，这样有利于植物的健康生长。请大家享受与植物的交流，研究浇水的方法，不要认为它是生活的负担。

■ 关于肥料

　　赏叶植物很健壮，会逐渐长大，不太需要肥料，不过在叶子的光泽和颜色变差时，或者长出很多新芽时，有必要施肥。另外，可以以增加生长期的能量，促进开花结果为目的来给它补给养分。

　　肥料的起效温度在 18℃以上，基本要在 3 月下旬到 4 月发新芽的时候施肥；避开盛夏，在开花结果的秋天再次施肥。肥料分为液体和固体，固体肥料持续性强，液体肥料起效快。液体肥料可以掺入水中随水浇入，因此较方便，在春、秋季时每个月施一次。固体废料分为化学肥料和有机肥料，在春、秋季分别施一次，沿花盆壁施肥一圈，以便肥料缓慢起效，不给植物根部造成负担。

■ 关于植物没有精神时的对策

　　有人问我，在植物没有精神的时候，是不是施肥就可以了？人们不舒服时要在舒适的地方静养，植物也一样，首先要确认摆放的位置合不合适，是**不是直射阳光太强，是不是在土壤干燥后才浇的水，叶子的长势和枝条的平衡有没有给根部造成负担……**

　　植物没有精神有几个原因。如果生了害虫就必须除虫；根部过于茂盛的话就要移栽；如果长出太多新芽，老叶频繁脱落的话就需要修剪。但是在植物纤弱时施肥或者过度修剪，有时反而会造成植物的负担，所以我建议先观察植物的样子再与植物商店的工作人员商量。

　　如果浇了水总是干不了，就应该在土壤表面完全干燥前停止浇水，将植物转移到环境好的地方，我建议在 5—9 月的生长期间将植物移到室外。如果不知道植物没有精神的原因，可以检查一下是不是因为通风不好导致湿热，造成水没有完全干燥，然后将植物放在通风良好的室外，等土壤表面完全干燥后再充分浇水。

　　植物没有精神的时候，可以加一些活力素。活力素就像人们身体纤弱时喝的营养饮料。肥料是用于在植物健康的时候增加植物的活力，而活力素是用于在植物没有精神的时候提高活力。

■ 关于害虫

　　室内的日照或通风条件不好，植物的叶子过于干燥或湿润时，就会生出叶螨和介壳虫等害虫。特别是在植物缺水纤弱、花盆中积水或温度突然上升导致湿热时，就更容易生虫，所以要格外注意。另外，害虫的排泄物有时也会让植物生病，所以尽早发现害虫是很重要的。

　　每天用喷壶喷湿叶片，将植物放在通风好的地方晒太阳，可以预防害虫。

■ 关于移栽

　　当排水条件不好，植物的根部伸出花盆底部时，要在根部缺氧前移栽。由于植物喜欢排水好、通气性好的土壤，因此可以**在容易买到的保湿效果好、各项指标平衡的市售培养土里加入排水性和通气性都很好的赤玉土**。加入赤玉土的量根据植物种类的不同而不同，喜干燥、排水性好的植物可以加得多一些，排水性不好的植物可以少量加入。配合合适的土壤是为了让培育植物的人更加轻松，土壤的成分需要根据培育环境的不同而有所变化。**如果环境太干燥就多加培养土，日照不好的地方为了让土壤尽快干燥就要多加一些赤玉土。**赤玉土干燥快，植物根部容易生长，因此可以根据植物根部的生长情况进行调整。

　　移栽时，分开旧根和旧土时可轻轻揉搓，再种在略大一圈的花盆中。即使想要将植物养大，一开始也不要种在太大的花盆里，因为如果土壤的干燥速度突然发生变化，植物会受到惊吓。移栽多少会对植物造成负担，所以不要让环境剧烈变化，先观察土壤的性质再慢慢转移到大花盆中。如果可以分株移栽，也可以分成几株分别放在不同的花盆中。如果想要养在一个花盆中，可以适当切断旧的根部，让植物重新生长。

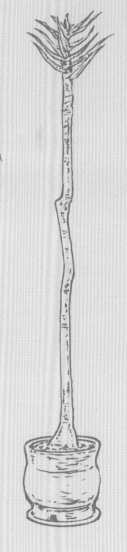

■ 关于修剪

　　修剪的目的是**改善通风，减少害虫，调整树形平衡，让植物健康成长。**生长力旺盛的赏叶植物大多会减掉过于茂盛的枝条以调整树形，**基本上从长叶子的枝节上方剪掉后就会长出新芽并分成两枝，所以要先想清楚希望植物向哪里生长后再决定修剪的位置。**在花盆中培育时，除了修剪新芽长得太茂盛的地方外，粗壮的枝干长得太大时也要进行修剪。调整初夏时同时发芽的数量也是修剪的目的之一。

　　移栽时修剪根部的基本原则是保证植物的平衡，每次修剪同样的分量。一次修剪太多的话会破坏植物的平衡，所以要点是先观察植物的情况再适当进行修剪。

本书的使用方法

本书严格选择了人气高的室内绿植介绍给大家。在各个品种中选择了几种植物进行介绍，同时尽量详细地写到了培育方法。

品种名

介绍商店经常使用的名称（流通名），
有时会写到学名及俗名。

日照

分为日照充足处、非阳光直射处、明亮的背阴处三种来介绍合适的摆放地点，请配合培育方法的要点阅读。
日照充足处 能直接照射到阳光的地方，但是很多植物难以忍受夏天的强光，所以最好避开盛夏的直射阳光。
非阳光直射处 接触不到阳光直射的地方，能够接触透过蕾丝窗帘的温和光线的明亮地点。遮光率60%~80%。
明亮的背阴处 距离窗户稍远，不太昏暗的地方，也称为半背阴处。遮光率40%~60%。

TranShip
WWW.TRANSHIP.TP
ANTIQUES
FURNITURE
PLANTS
GALLERY

爱心榕
Umbellata

柔软宽大的心形叶片显得落落大方，
是高人气的品种。
从春天到冬天的品都很高，
有各种各样的树形和尺寸。
适合搭配外形简洁、色泽明亮的花盆，
适合自然风格的室内装饰。
在榕树植物中属于格外喜光的品种，
所以重点是夏天要避免阳光直射，
而从秋天到春天要放在日照好的地方。

修剪了枝干中间的陷凹，让分成两支的枝条
上长出细枝条。留意当出很好的平衡感，搭
配朴素的灰色花盆可营造出很好的代感。

基本信息	学名	*Ficus umbellata*
	科·属	桑科·榕属
	原产地	全世界的热带—温带地区
	日照	日照充足处 非阳光直射处 明亮的背阴处
	水分	喜水 普通 喜干

关于日照
▶ 在榕属植物中属于喜光植物。初夏到秋季之间可以放在室外。但要注意的是，如果突然从阳光不强的地方移到日照强的地方，叶片会灼伤，所以要慢慢地、尽可能向明亮的地方移动。
▶ 如果日照不足的话，植株会变得软弱；叶子也会变黄脱落，或是边缘变成茶色；不长新芽也是日照不足的表现。

关于温度
▶ 不耐寒。摆放在室外的话要在10月中旬移到室内，并放在日照好的位置。

▶ 能承受夏季的炎热，但要注意通风。

关于水分
▶ 土壤表面干燥后充分浇水。夏天生长期吸水能力强，但在日照不足时或冬季，要确认土壤表面干燥后再浇水。

关于害虫
▶ 在日照不足或通风不好时，室内干燥的情况下，或在春天到秋天时，会容易生出叶螨、介壳虫和粉介壳虫。可以通过频繁在叶片上喷水或者用湿润的布擦拭叶片来预防。

关于修剪
▶ 生长速度快，枝条过长破坏了植株平衡时要进行修剪。在初夏长出新芽时在茎上或者叶片上方修剪。修剪的部位一般会长出分枝，因此可以预测生长的形状并享受其生长过程。切口处会流出橡胶树特有的白色汁液，要擦拭干净。

经过反复修剪形成的独特树形，有优美的曲线。树龄较长，生长速度慢懂懂。树形越美，爱心榕本来是乔木，如果任其生长的话，叶子会变得很大，破坏与生干间的平衡，因此要配合生长速度勤修剪。

小巧的中型盆。年轻枝干生长速度快，浅茶色的枝干已经定型，购买后容易打理。

016   017   篇 1 生机勃勃的绿植

照片说明

介绍品种和树形特征，以及选择花盆的方法。特别是与花盆的搭配很重要，可作为参考。

培育方法的要点

总结了摆放地点和浇水等培育植物时需要了解的内容。请配合 P.10~13 的培育植物的方法阅读。

基本信息

除了学名、科属、原产地，还介绍了植物对于日照和浇水的喜好。

篇 **1** 生机勃勃
的绿植

TranShip
WWW.TRANSHIP.JP
1F, 3-11-2, KOYAMA, SHINAGAWA-KU, TOKYO, 142-0062, JAP

ANTIQUES
FURNITURE
PLANTS
GALLERY

爱心榕

Umbellata

柔软宽大的心形叶片显得落落大方，
是高人气的品种。

从春天到冬天销量都很高，
有各种各样的树形和尺寸。

适合搭配外形圆润、色泽明亮的花盆，
适合自然风格的室内装饰。

在榕属植物中属于格外喜光的品种，
所以重点是夏天要避免阳光直射，
而从秋天到春天要放在日照好的地方。

修剪了枝干中间部位，让分成两支的枝条
上长出细枝条，营造出很好的平衡感。搭
配朴素的灰色花盆可营造出现代感。

基本信息

学名	*Ficus umbellata*
科·属	桑科·榕属
原产地	全世界的热带一温带地区
日照	日照充足处　非阳光直射处　明亮的背阴处
水分	喜水　普通　喜干

培育方法的要点

■ 关于日照

▶ 在榕属植物中属于喜光植物。初夏到秋季之间可以放在室外。但要注意的是，如果突然从阳光不强的地方移到日照强的地方，叶片会灼伤，所以要慢慢地、磨合着向明亮的地方移动。

▶ 如果日照不足的话，植株会变得软弱；叶子也会发黄脱落，或是边缘变成茶色；不长新芽也是日照不足的表现。

■ 关于温度

▶ 不耐寒，摆放在室外的话要在 10 月中旬移到室内，并放在日照好的位置。

▶ 能承受夏季的炎热，但要注意通风。

■ 关于水分

▶ 土壤表面干燥后充分浇水。夏天生长期吸水能力强，但在日照不足时或冬季，要确认土壤表面干燥后再浇水。

■ 关于害虫

▶ 在日照不足或通风不好时，室内干燥的情况下，或在春天到秋天时，会容易生出叶螨、介壳虫和粉介壳虫。可以通过频繁在叶片上喷水或者用湿润的布擦拭叶片来预防。

■ 关于修剪

▶ 生长速度快，枝条过长破坏了植株平衡时要进行修剪，在初春长出新芽时在芽上或者叶片上方修剪。修剪的部位一般会长出分枝，因此可以预测生长的形状并享受其生长过程。切口处会流出橡胶树特有的白色汁液，要擦拭干净。

经过反复修剪形成的独特树形，有优美的曲线。树龄较长，生长速度缓慢，树形稳定。爱心榕本来是乔木，如果任其生长的话，叶子会变得很大，破坏与枝干间的平衡，因此要配合生长速度勤修剪。

小巧的中型盆。绿色的年轻枝干生长速度快，浅茶色的枝干已经定型，购买后容易打理。

孟加拉榕

Benghalensis

特点是有白色的树干和叶脉，叶子是圆形的，
给人以时尚的感觉，很出众。
生长速度快，容易长出新芽，销量高，人气高。
树干柔软，树形弯曲，
可以修剪出各种树形，
因此可以搭配各种风格的室内装饰。
也叫作孟加拉橡胶、孟加拉菩提树。
因为生命力强，
在印度被当作象征永恒生命的神圣树木。

孟加拉榕多给人坚硬的印象，经过多次
修剪后营造出柔和的感觉。因为是向左
伸展的树形，配合植物的生长放在房间
的右角可以充分发挥出效果。

学名	*Ficus benghalensis*
科·属	桑科·榕属
原产地	印度、斯里兰卡、东南亚
日照	日照充足处　非阳光直射处　明亮的背阴处
水分	喜水　普通　喜干

■ 关于日照

▶ 喜光，全年都要有充足的日照。明亮的位置、通风好的室内环境最理想。有一定的耐阴性，但是树木纤弱就无法长出新芽，这时就需要移到日照充足的地方。

■ 关于温度

▶ 冬季比较耐寒，可以在一般的室内环境中过冬。夏天耐热，要注意通风良好、不闷蒸。

■ 关于水分

▶ 在5—9月的生长期时，等到土壤表面干燥后充分浇水。要注意摆放在通风好的地方，避免湿度过大。

▶ 气温在20℃以下时生长缓慢。从入秋开始要逐渐减少浇水的频率；冬季时等到土壤表面干燥2~3天后再浇水，让土壤保持略微干燥的状态。

■ 关于修剪

▶ 在同一个地方突然长出枝条，破坏树形的平衡时，以及老叶发黄脱落时进行修剪。初春时，如果枝干长出新芽的话，在新芽或叶片上方修剪。4月中旬—5月也可修剪，长出新芽后在夏天调整树形。任其生长的话，叶子的数量会减少，不美观。切口处会流出橡胶树特有的白色汁液，要擦拭干净。

枝条自然地分成左右两边，尽管是中型盆，但看上去存在感很强，和大盆相当。配合传统的杯型花盆展现出雅致的风格。

种在大盆里能展现出孟加拉榕自身的强健。长大后，树干上会长出星星点点的花和果实。

让茎在枝干中部弯曲的中型盆。选择厚重的花盆让整体显得更为平衡，植株的线条看起来也很轻盈，可以成为室内装饰的亮点。

各种榕树（榕属）

以爱心榕（P.16）和孟加拉榕（P.18）为首的榕属植物种类丰富，

要发挥出榕属生机勃勃、落落大方的树形特点。

很多品种的耐阴性和耐旱性好，

可以在室内茁壮成长，所以新手也适合培育。

因为是乔木，所以在选择出合适的尺寸、创造出合适的环境后，可以与主人长时间共同生活。

基本培育方法请参考孟加拉榕。

柳叶榕　*Ficus celebensis*

原产地新加坡，细长的叶片柔美垂下的样子和根部生出的气生根很美丽。日照不足、水分不足时叶子会脱落，在日照好的地方比较容易生长。

橡皮树　*Ficus elastica*

有多种品种，如"龙虾（Lobster）""德古拉（Decora）""勃艮第（Burgundy）"。照片上是叶子略带红黑色，色泽鲜艳的"勃艮第（Burgundy）"。主干切开分为左右两枝，树形优美。左边花盆中的植株培育时间较长，生长缓慢，根部较粗，从长出的气生根上能看出来。

高山榕　*Ficus altissima*

与孟加拉榕（P.18）一样销量
很好。树干是茶色，叶子有绿色
和带斑纹的品种，给人柔和的感
觉。在自然风格的室内装饰和布
置朴素的房间中可以成为亮点。
这种柔软弯曲的树形是高山榕所
特有的。

菩提树 *Ficus religiosa*

薄薄的心形叶片，顶端细长。据说佛祖在此树下开悟，是神圣的树木，在印度的结婚典礼上，有在庭院里栽种象征丈夫的孟加拉榕和象征妻子的菩提树的风俗。基本培育方法请参考爱心榕（P.16），注意要有充足的日照，要在明亮的室内培育，但要避免夏季日光直射。

绣毛榕（锈叶榕） *Ficus rubiginosa*

原产于澳大利亚东部，无论是水边还是干燥地区都能生长。因被法国植物学者发现而得名。叶子有光泽，颜色深绿，形状纤细，有气生根，适合搭配洗练的现代风格室内装饰。要注意，日照不足或通风不好时容易生叶螨和介壳虫。

天鹅绒（Velvet）

粗叶榕（*Ficus hira*）的变种，新芽和新叶的背面覆盖着一层天鹅绒状的软毛，红色的树枝和深绿色的叶子令人印象深刻。特点是叶子大，使用小盆培育和装饰时要配合植物的体积搭配花盆。

琴叶榕

因为叶片像提琴而得名。因为叶片较重、树干柔软，所以可以修剪成流畅的树形。种在结实的花盆中可以通过反差衬托出植株的柔软。照片中的小型品种孩童（Bambino）人气很高。如果放在日照不好的地方就会长不出新芽，生出叶螨和介壳虫，树木生长势头减缓。

弯曲的枝条和笔直自由生长的树干混合在一起。光泽鲜艳的圆形新芽很可爱。

海葡萄

Coccoloba

树干柔软易弯曲，绿色的叶片略带红色，

主脉是美丽的绿色。

因为不耐寒，所以销量不佳，

不过可爱的叶片很有魅力，

可以成为室内装饰的重点，有一定人气。

是原产于海岸地带的葡萄，

又被叫作海滨葡萄，

在花盆里培育长大后也能开出花朵。

雌雄异株，

不过偶尔也能看到结出紫色果实的植株。

基本信息

学名	*Coccoloba uvifera*
科·属	蓼科·海葡萄属
原产地	美国南部—西印度群岛
日照	日照充足处　非阳光直射处　明亮的背阴处
水分	喜水　普通　喜干

培育方法的要点

■ 关于日照

▷ 喜欢日照充足通风好的地方。但是要避开夏天的直射阳光，放在阳光能通过蕾丝窗帘照射进来的明亮位置。不耐寒，所以冬天特别要注意移动到日照充足的地方。

■ 关于温度

▷ 不耐寒，在冬天会停止生长。放在室外培育时要在10月中旬移到室内，放在日照充足的地方。

■ 关于水分

▷ 土壤表面干燥后充分浇水，注意不要出现极度缺水的状态。因为冬季会停止生长，所以浇水时要确认土壤是否已经干燥了，稍稍减少水分。

▷ 因为原产地是湿气较重的海边，所以如果空气持续干燥叶片会脱落，可以在叶片上洒水。注意，不要让植物吹空调等冷风或暖风。

■ 关于害虫

▷ 日照不足或通风不好的话，在室内干燥时，从春天到秋天会容易生叶螨、介壳虫和粉介壳虫。也可以通过在叶片上洒水或用湿润的布擦拭叶片来预防。

■ 关于修剪

▷ 冬季或开花后有损伤时，到了春天要移到晒不到室外直射阳光的地方。基本的方法是在出新芽时移到日照合适的地方，留下一片以上的叶子，在叶片上方修剪。培育时，在叶片上洒水会更容易再生。

略微躺倒的圆形叶片惹人怜爱、富有魅力。开花结果后，养分不容易流向叶片，容易生出害虫，因此有时必须摘掉花芽。

枝条分叉少，所以大多数情况下会在一个大盆中采取聚集式栽培。在口部向内收的花盆中种上体积比较大的植株，更能突显出植物的体积。

龟背竹

Monstera

这种绿植的特点是裂纹状的宽大叶片，因此可以欣赏它茁壮生长的叶子、树干的弯曲形状和气生根的形状。生命力强，容易培育，就算放置在背阴处，在适当的培育方式下也可以生长。浇水过多会造成徒长或根部腐烂，所以要让根部保持略微干燥的状态。选择花盆时，要考虑到根部会向下生长的特点。

过去流行培育出枝繁叶茂的样子，最近的主流是重视气生根和叶片平衡，突出根部。支撑着宽大叶片和枝干的气生根既显得生气勃勃，又有着纤细的魅力。

学名	*Monstera*
科·属	天南星科·龟背竹属
原产地	美洲热带地区
日照	日照充足处　非阳光直射处　明亮的背阴处
水分	喜水　普通　喜干

培育方法的要点

■ 关于日照

▶ 生长在热带雨林的乔木下，因此需要摆放在全年没有阳光直射的明亮背阴处。

▶ 有一定的耐阴性，但是要避开完全没有日照的地方。如果太过昏暗，根茎就会随意生长，根部也会变得纤弱。

■ 关于温度

▶ 喜欢高温潮湿的环境，夏季十分耐热。冬天气温保持在5℃左右就不会枯萎。摆放在室外的话，要在冬天搬回室内。

▶ 在东京以西地区，偶尔会在室外过冬，但是要从夏天开始让植物逐渐习惯室外的温度，在长出根部后过冬；如果叶片有损伤，就要搬进室内。

■ 关于水分

▶ 在土壤表面干燥后充分浇水，浇水次数过多会徒长，根部也会变弱，因此要保持略微干燥的状态。如果节间部和茎生长过度，就说明浇水可能过多了。冬季或日照不足时，要等土壤完全干燥2~3天后浇水。

▶ 天南星科植物喜欢湿润的空气，除了浇水之外，用喷壶少量在叶片上洒水会长得更好。

■ 关于修剪

▶ 根部附近的老叶脱落茎部生长，植株长高的话会破坏平衡，易倒，因此要修剪过长的部分调整整体的平衡。不想修剪的话，可以移栽到能调整重心的花盆中。根部会向下延伸，因此种在长花瓶中容易保持稳定。

▶ 在茎部过长，伸出花盆很多的情况下，可以留下1、2片叶子从根部附近剪下。之后茎部会发出新芽。减少叶子片数和树干长度后，吸水量会减少，因此浇水的间隔要拉长。剪下的茎部可以做插枝。

带斑纹的龟背竹，就像拉丁语中意味着"怪物"的名字一样散发着奇特的魅力。有细致斑纹的品种要注意日照和通风的状况，避免叶片灼伤。

植株小巧、叶子裂纹清晰的改良品种"紧凑"（*Monstera deliciosa* 'Compacta'）。小型品种容易搭配室内装饰。生长缓慢，每年生长2、3片新叶。

春 羽

Selloum

春羽充满动感且生机勃勃的叶子令人印象深刻。
喜林芋属特有的叶痕花纹神秘而具有异国情调。
树干的弯曲形状、气生根的形状,
以及叶子的伸展各有特点。
摆放时要考虑太阳的方向,
观察它的生长过程很有乐趣。
培育天南星科植物的诀窍是保持空气湿度,
但应注意不要过度浇水。

落落大方的叶子和保持着绝妙平衡
的根部曲线,这是一株美丽的植物。
为了不因过度生长而倒下,要让阳
光照在生长点的反方向。

学名	*Philodendron selloum*
科·属	天南星科·喜林芋属
原产地	巴西、巴拉圭
日照	日照充足处　非阳光直射处　明亮的背阴处
水分	喜水　普通　喜干

培育方法的要点

■ 关于日照

▶ 请放在室内明亮处，或有蕾丝窗帘的窗边。应注意，日照过强的话叶片会被灼伤。

▶ 日照不足时会出现徒长，叶子颜色变差。能够适应略干燥的土壤，要注意不要烂根。

▶ 从茎部生出的根是气生根的一种，本来是为了缠绕在大树上而生的。用大盆培育时，为了保持平衡，要配合阳光的方向旋转植物来调整树干的生长方向。

关于温度

▶ 喜欢高温潮湿的环境，夏季十分耐热，如果通风条件好更佳。

▶ 若摆放在屋外，则要在冬季搬回室内，在10℃以上的地方培育。寒冷会造成叶片颜色变差，叶片颜色可以作为需要搬入室内的标志。

关于水分

▶ 在土壤表面干燥后充分浇水，全年都要拉长浇水的间隔，保持干燥。日照不好时，可以以叶片下垂作为浇水的标志，从而防止烂根。

▶ 冬季生长缓慢，在土壤表面干燥2~3天后浇水。浇水过多会使叶片纤弱、茎部徒长，因此要在参考浇水时间标准的同时，结合观察土壤的干燥情况来浇水。

▶ 天南星科植物喜欢湿润的空气，除了浇水之外，用喷壶少量在叶片上洒水会长得更好。

中等大小的花盆，正适合放在架子上。是强调宽阔叶片的基本形状，搭配颜色稳重的花盆可以衬托出水灵的叶片颜色。

突出气生根的奇妙之处、混合栽培的小盆。呈现出只有小盆春羽才有的仿佛要从大地上一跃而起的自由跃动感。

羽叶蔓绿绒

Kookaburra

带有叶痕的树干和气生根纠缠生长，
给人独特而野性的印象。
向四面八方延伸的锯齿状叶片很有冲击力，
展现出强烈的存在感。
被夏日阳光直射后叶片会被灼伤，
导致在背阴处也无法茁壮成长，
因此找到合适的摆放位置是关键。
天南星科植物喜欢湿度高的空气，但应注意不要浇水过度。
根部要保持干燥，在叶片上少量浇水能让它茁壮成长。

从根部多处长出的气生根纠缠在一起，突显野性的大花盆。从一棵植株上分开生长，有叶子脱落后的叶痕。为了突显平衡感和象征感，种在了棕色的花盆中。

基本信息

学名	*Philodendron 'kookaburra'*
科·属	天南星科·喜林芋属
原产地	南美洲
日照	日照充足处　非阳光直射处　明亮的背阴处
水分	喜水　普通　喜干

培育方法的要点

■ 关于日照

▶ 日照不足会让植株变得纤弱，而一旦纤弱后很难恢复，因此建议在日照充足或非阳光直射处培育。

▶ 日照不足时，叶子会缩小并开始脱落，还容易生叶螨等害虫。

▶ 不适应夏季直射日光，叶片会被灼伤，所以摆放在室外时要适当进行遮光。

■ 关于温度

▶ 适合的生长温度是10℃以上，耐寒温度在5℃左右，但是突然的温度变化对植物不好。只要不被霜打，在没有暖气的室内也可以过冬。

▶ 摆放在室外的话，建议在10月下旬移到室内。

■ 关于水分

▶ 在土壤表面干燥后充分浇水，浇水次数过多会徒长，根部变弱，因此要保持略微干燥的状态。冬季等土壤完全干燥2~3天后浇水。在日照不足时，可能会因为浇水过多而枯萎。

▶ 天南星科植物喜欢湿润的空气，除了浇水之外，还要用喷壶在叶片上少量洒水，这样也可以预防害虫。气生根会从空气中吸收水分，这部分水分到达根部后，土壤中的根部会蔓延生长。

■ 关于修剪

▶ 茎部生长后，如果剪下主茎就会在切口周围长出小株，植株就会变大。剪下小株并擦干切口可以进行扦插。扦插时留下1、2片叶子，在土壤干燥后充分浇水。

■ 关于肥料

▶ 应注意，肥料过多会让叶子褪色。如果要施肥，可在春天到秋天施用缓释肥料。

羽叶蔓绿绒的叶子比春羽（P.28）细长、肥厚，颜色也更深。植株小巧而茂盛，充满分量感的外形能突显出有个性的室内装饰风格。

带斑纹的黄金叶品种"青柠（Lime）"，散乱的明亮斑纹带来放松的氛围。因为叶子颜色明亮，所以可以搭配自然、现代简约等多种室内装饰风格。

篇1　生机勃勃的绿植

各种喜林芋

在希腊语种, 喜林芋的意思是"喜欢树木", 它会缠绕在树上生长, 有藤蔓型、匍匐型、直立型等多个品种, 叶子颜色丰富。种在小盆里也能呈现出叶子的存在感, 容易融入室内装饰中, 是营造气氛所不可缺少的绿植。

只要掌握了选择摆放地点的诀窍, 就很容易打理, 能让叶子颜色变得美丽的地方是最合适的, 基本培育方法请参见喜林芋属的羽叶蔓绿绒（P.30）。

掌叶喜林芋　*Philodendron pedatum*

特点是从节的部分长出气生根缠绕在树木上充分生长。叶子有较深的锯齿状边缘, 搭配朴素的水泥花盆, 可突显出它的厚重感和自然下垂的姿态。

心叶蔓绿绒

Philodendron hederaceum ssp. *oxycardium*

藤蔓型植物, 叶子呈心形, 也叫姬葛。有一定的耐阴性, 生长速度快, 所以只要保持干燥, 在半背阴处也可以生长。浅绿色的叶子可以让房间显得明亮。

（左上）

柑橘橙（Mandarine）

叶子是酸橙绿色，茎是黄色，略带红色的新芽鲜艳美丽。为了突显出叶子颜色的美感，搭配了饰有银色的水泥花盆。

（右上）

帝国绿（Imperial Green）

在喜林芋中属于生长缓慢的品种，有耐阴性。深绿色的叶片茂密而美丽，仿佛要从花盆中溢出。考虑到植株的平衡和以后会下垂的叶片，搭配稳重且带花纹的复古花盆，显得很优雅。

（右）

金属银（Silver Metal）

叶子纤细，有金属质感。配合叶子的颜色选择了略带光泽的花盆。植株长大后要经常修剪过长的叶子来保持平衡感。

海芋

Alocasia odora

仿佛是在传说中登场的有梦幻感的质朴植物，
适合亚洲式室内装饰的海芋。
浇水后第二天，叶子顶端会滴下水滴，很神秘。
根部有毒，也因此不易生害虫，容易培育。
海芋是自然生长在热带地区的大树根部的植物，
如果注意摆放在和野生地一样非阳光直射的环境中，
新手也适合培育。由于害怕日照不足的环境，
在背阴处容易烂根，
因此最好在能照到柔和阳光的地方培育。

具有两片大叶子，有冲击感的中盆。
搭配复古铁盒，可以突显出叶片的
柔软和新鲜，是马赛风格的装饰。

学名	*Alocasia odora*
科·属	天南星科·海芋属
原产地	亚洲热带地区
日照	日照充足处　非阳光直射处　明亮的背阴处
水分	喜水　普通　喜干

培育方法的要点

■ 关于日照

▶ 喜欢明亮的地方，但是自然生长的地区是热带大树的根部，因此害怕夏季的直射阳光，会灼伤叶片。可以放在有蕾丝窗帘的窗边等不太昏暗的地方。

▶ 日照不足时会不长新芽、徒长，可以以此来作为判断环境是否合适的标准。

■ 关于温度

▶ 不太耐寒，叶子会受伤，所以建议冬天放在室内。日本国内也有野生海芋，在5℃左右的环境中可以过冬，但是要注意防霜。

▶ 喜欢夏季的高温潮湿环境。不过，在室内要注意通风，不要闷蒸。

■ 关于水分

▶ 在土壤表面干燥后充分浇水，排水或通风不好容易出现烂根，要让根部保持干燥。冬天要减少浇水。在日照不足或温度低时浇水过度，根部会腐烂，让植株受冻，因此浇水要选择在温度较高的白天。

■ 关于移栽

▶ 生长迅速，根会变粗，如果排水变差就要在5月前后移栽。移栽时可以分成2、3株分开栽种。

可以放在架子上的可爱的小号花盆。胖胖的树干很治愈。选择小株会长大的品种时，要注意排水和根部纠缠的情况，不要选择过大的花盆。

配合圆润的叶子选择了圆形的花盆，银色的花盆可以搭配各种风格的室内装饰。同一个根部长出多株植物，长大后会妨碍叶子的生长，容易破坏外观的平衡，因此要在根部纠缠在一起前分株。

海芋的花。开花后结的果实中的种子也可以用来种植。

花 烛

Anthurium

红色或白色、花瓣状的部分被称为佛焰苞，

是体积大的花苞。

从那里伸出的肉穗花序上长着很多小花。

最近出现了很多赏叶品种，

叶子的颜色、花纹和质感多种多样，

中号盆的尺寸容易搭配室内装饰，比较容易培育。

原本是生长在大树根部的植物，

所以培育时要避免阳光直射，

同时保证一定的日照，控制浇水量。

花烛的叶子有垫子的质感，有独特的花纹。粗糙、存在感强的石头花盆能够自然不造作地突显出植物的个性。

学名	*Anthurium*
科·属	天南星科·花烛属
原产地	美洲热带地区
日照	日照充足处　非阳光直射处　明亮的背阴处
水分	喜水　普通　喜干

■ 关于日照

▶ 全年摆放在避免阳光直射的明亮处。被阳光直射后叶片会被灼伤，叶子焦枯，外表变得不美观，生长也会变缓。另外，日照不足会停止生长，可以以此为标准调整受日照的时间。

■ 关于温度

▶ 畏寒，可以承受 7~8℃的温度，但叶子会脱落。为了不使叶片脱落，至少要保证气温在 10℃以上。特别是冬天，要放在温暖、日照好的地方。

▶ 如果想让植物开花，必须保持 17℃以上的气温。

■ 关于水分

▶ 4—10 月为生长期，要在土壤表面干燥后充分浇水。因为根部较粗，所以害怕过于潮湿的环境。如果土壤经常保持潮湿，根部可能会腐烂。耐干，但是过于干燥的话，叶子会从下方开始变黄脱落。要观察新芽叶片的颜色来浇水。

▶ 冬季要减少浇水的次数。低气温时不会生长，根部不需要水分，所以要在土壤表面干燥后再浇水。喜欢湿度高的空气，气温保持在一定程度时，可以用喷壶给叶片浇水。

■ 关于害虫

▶ 日照或通风不好会生介壳虫，可以通过给叶片浇水来预防。

■ 关于移栽

▶ 根部纠缠后生长会变差，不容易开花。推荐每两年一次在 6—7 月中旬移栽，使用通气性好的土壤。

▶ 移栽时如果植株增加可以分株。一个花盆中种 2、3 株最美观。

▶ 叶子少的情况下可以在移栽时施基肥。

开始结果的花烛，果成熟后呈橘黄色。叶子增加后更容易开花。

用来欣赏花朵的普通花烛。花色除了白色，还有作为盆栽时很有人气的红色、绿色、粉色、紫色。

叶子大而有光泽的"雨林之王（Jungle King）"，因其野性、强悍的美感很受欢迎。

天堂鸟（*Strelitzia reginae*）的变种，叶子呈圆柱形的棒叶鹤望兰，有现代而充满立体艺术感的造型。搭配水盆这样朴素有安定感的花盆，可以让健康自由生长的叶子看起来更有生机。

鹤望兰
Strelitzia

不同品种的鹤望兰叶子的外观完全不同。
大鹤望兰给人华丽、热情的印象，
天堂鸟因为其橙色的鲜艳花朵而受人喜爱，
变种棒叶鹤望兰有独特而洗练的气质。
鹤望兰强壮容易培育，
挑选适合室内装饰的品种的过程也很吸引人。
摆放在日照好的地方会不断长出新芽，长成一棵较大的植株，
有压倒性的存在感。

学名	*Strelitzia*
科·属	芭蕉科·鹤望兰属
原产地	南非
日照	日照充足处　非阳光直射处　明亮的背阴处
水分	喜水　普通　喜干

培育方法的要点

■ 关于日照

▶ 喜欢直射阳光，从秋天到春天要保证充分日照，盛夏要遮光。如果日照不足，叶子的茎部会变细，可能会整体下垂。日照不足会造成不长新芽、新芽衰弱。

■ 关于温度

▶ 不怕夏天的高温潮湿环境；冬天也较抗寒，在2~3℃的室内可以过冬。

■ 关于水分

▶ 根部是能够储存水分的多肉质结构，耐干燥，从春天到秋天生长迅速，在土壤表面干燥后充分浇水。冬天因为寒冷生长缓慢，要减少浇水次数，保持干燥。

▶ 水分不足时，叶子尖端焦枯，可以作为缺水的标志。

■ 关于害虫

▶ 有一定的耐阴性，但日照或通风不好会生介壳虫，可以通过给叶片浇水来预防。

■ 关于分株

▶ 不断长出新芽植株变大，根部布满花盆后要分株移栽。喜欢排水性好的肥沃土壤。

大鹤望兰（*Strelitzia nicolai*），也叫白花鹤望兰。在野生环境下可以长到10m高，开白色到浅绿色花。配合叶子优雅的气质，放在尽显尊贵的复古底座中能增加存在感。

天堂鸟的变种，像笔一样纤细，没有叶子的棒叶鹤望兰（*Strelitzia juncea*）。正因为植株看起来很有个性，所以搭配了细长轻便的花盆来让它自然不造作地融入室内装饰中。

泽米铁
Zamia

根部基本埋在地下，
从粗大的根部放射性伸出的叶子很有特点。
主脉上长出多片叶子向两边扩张，
有些品种有刺。
树龄长的植株生长变缓，
可以长时间欣赏不变的树形。
年轻的树苗会长大，
要随着生长的情况移栽。
比较容易培育，存在感强，推荐给新手。

具有代表性的鳞秕泽米（*Zamia furfuracea*），叶子圆润，给人温柔的印象。它也叫墨西哥苏铁，略带焦色的叶子搭配青绿色花盆，以墨西哥为主题。决定主题后再进行装饰也是一项乐趣。

学名	*Zamia*
科·属	泽米铁科·泽米铁属
原产地	南美、墨西哥
日照	日照充足处 非阳光直射处 明亮的背阴处
水分	喜水 普通 喜干

■ 关于日照

▶ 要全年放在日照好的地方，日照不足会造成叶子徒长下垂。

▶ 夏天尽量保持日照，冬天最好放在阳光透过窗户能照到的地方。

关于温度

▶ 畏寒，如果不是在温暖的地区，为了防止被霜打，冬天要移到室内。理想温度是 10℃ 以上。

关于水分

▶ 耐旱，不能过湿。从春天到秋天在土壤干燥后浇水，冬天两周浇一次。如果水分过少，叶子颜色就会变差，甚至枯萎。

关于害虫

▶ 日照不足或通风不好的话，从春天到秋天会容易生介壳虫。可以通过在叶片上洒水来预防。

关于移栽

▶ 生长缓慢，几乎不需要因为根部纠结而移栽。当花盆中的土没有营养，植物变得没有精神时，可以更换成排水性好的土（赤玉土、鹿沼土、砂等混合），大约每 4 年一次。可分株。

叶子从根部向四面八方展开的狭叶泽米铁（*Zamia angustifolia*），种在稳重的花盆中能让叶子更显茂盛。

小盆鳞秕泽米，向车轴草（*Trifolium*）一样的叶子很可爱，很受女性欢迎。考虑到今后会长大，因而搭配了叶子伸长后也能保持平衡的花盆。

金叶泽米铁（*Zamia integrifolia*）生长在松树和栎树林中，叶子软而柔韧，茎部肥大，表面凹凸不平，有一半伸出地面。这种植物生长缓慢，看上去和盆栽相似。

棕 榈

Palmae

人们多会想到在海边常见的
加拿利海枣（*Phoenix canariensis*），
其园艺品种也很丰富，
可以在营造时尚风格的装饰时作为自然不做作的点缀。
耐阴性好，生长缓慢，
因符合所有室内绿植的要求而受人喜爱。
在搭配圆叶树或耐旱的仙人掌时，
可以发挥出优秀配角的能力——衬托出主角的风采。

圆叶蒲葵

学名 *Livistona rotundifolia*
属名 蒲葵属
原产地 东南亚、日本冲绳

圆叶蒲葵的特点是叶子大而宽阔，配合朴素的棕色花盆能突出叶子的娇嫩。高冷的花盆和棕榈的组合在日式风格、亚洲风格、欧式风格、现代风格等朴素的室内装饰风格中都能吸引眼球。

学名	各个品种分别标注
科·属	棕榈科
原产地	各个品种分别标注
日照	日照充足处　非阳光直射处　明亮的背阴处
水分	喜水　普通　喜干

■ 关于日照

▶ 喜欢日照充足的地方，但是要避免夏季阳光直射，可以照射通过蕾丝窗帘的阳光，受到强光照射后，叶子会变黄。有一定的耐阴性，但在背阴处培育，叶子会没有光泽，容易生害虫，因此要移动到明亮的地方。

■ 关于温度

▶ 寒冷会伤到叶子，所以为了保持叶子的美丽，冬天要保持在5℃以上。不同品种的耐寒程度不同，摆放在室外时，要注意在天气寒冷时将不耐寒的品种搬到室内。

■ 关于水分

▶ 喜欢略微潮湿的环境，在土壤表面干燥后要充分浇水，冬天要减少浇水量。

▶ 喜欢湿度高的空气，浇水的同时可以用喷壶给整个植株喷水，用喷壶给叶子喷水效果也不错。

■ 关于害虫

▶ 在高温干燥的环境里容易生叶螨或介壳虫，要在叶片上洒水来预防。通风不好时会长介壳虫。

■ 关于移栽

▶ 根部纠结后从花盆底部取出根部，或者新芽生长情况变差后，在4—6月进行移栽。以2~3年一次的标准来移栽。

酒瓶椰子

学名 *Hyophorbe lagenicaulis*

属名 酒瓶椰子属

原产地 马斯克林群岛，毛里求斯共和国

特点是根部像酒瓶一样膨起，叶子尖部略带橙色。在棕榈树中也属于生长缓慢的品种，有耐阴性，但不耐寒，要注意温度管理，保持在10℃以上。酒瓶部分可以储存水分，所以应注意不要浇水过量。

小穗竹节椰

学名 *Chamaedorea microspadix*

属名 竹棕属

原产地 中南美洲、非洲热带地区

小型单干棕榈。在棕榈中比较耐寒，但是为了不被霜打，冬天要在室内培育。有一定宽度的羽状叶搭配图案有设计感的齐腰高花盆，很有时尚感。

苇椰状竹节椰

学名 *Chamaedorea geonomiformis* ⊖
属名 葵属
原产地 中南美洲

在希腊语中有"小小的礼物"的意思。在棕榈中属于有耐阴性、耐寒性、耐旱性的品种，不易生虫，容易培育。有金属质感的叶子在稍稍遮光的环境中更容易突显出银色。绿色叶子和橙色花蕾的对比也让人耳目一新。

窗孔椰子

学名 *Reinhardtia gracilis*
属名 竹棕属
原产地 中国、非洲热带地区

也叫美洲竹棕，特点是叶子中间附近有网眼状的孔洞，过去产量较多，现在是稀有品种。这里选择了能突出排列整齐的纤细叶子的朴素花盆。

矮棕

学名 *Chamaerops humilis*
属名 玲珑椰子属
原产地 中国南部，日本（主要在九州南部）

耐寒性好，在东京以西地区可以在室外过冬。在干燥或潮湿环境中都可以生长，背阴或直射阳光处皆可，耐潮性也较强。气质稳重，叶子带有银灰色，是有现代感、简练的室内绿植。

篇**2** 柔软的
绿植

鹅掌柴

Schefflera

鹅掌柴品种多样，也很健壮，
因此是销量很高的绿植。
因为枝干柔软、生长速度快，
所以培育方式多种多样。
它的魅力之一在于可以按照喜好
选择不同气质的树形，
有凛然的、柔美的、存在感强的、
柔软的……容易搭配室内装饰。
基本喜光，日照稍微不足时也可以生长。

一般说到鹅掌柴就是指鹅掌藤
（*Schefflera arboricola*），经
过多次修剪打理后形成了柔美、
修长的树形，搭配凛然的花盆，
整体呈一条流畅的直线。

学名	*Schefflera*
科·属	五加科·鹅掌柴属
原产地	中国南部及台湾省
日照	日照充足处　非阳光直射处　明亮的背阴处
水分	喜水　普通　喜干

培育方法的要点

■ 关于日照

▶ 喜欢日照充足、通风好的地方，要避开夏季的阳光直射。因为具有耐阴性，所以对摆放的地点不挑剔，但日照和通风不好时会生叶螨，使植株变得纤弱、落叶，要放在日照不会对生长产生影响的地方。

▶ 从日照不足的地方突然移到阳光直射的地方会灼伤叶子，因此要逐渐进行移动。

■ 关于温度

▶ 因为具备耐寒性，所以在东京以西的一部分地区可以在室外过冬，但是会伤到叶子，冬季最好放在室内。

■ 关于水分

▶ 在土壤表面干燥后充分浇水，比较耐干燥，减少浇水量可以让植物有精神、更强壮。

▶ 冬天土壤不容易干燥，要减少浇水的次数。空气干燥时要在温暖的上午在叶子上洒水。

▶ 夏天生长期要注意控制浇水量。

■ 关于害虫

▶ 日照不足或通风不好的话，在室内干燥时容易生叶螨，要尽早发现并杀虫。置之不理的话，害虫会吸收树木的养分，导致其最终枯萎。可以通过在叶片上洒水来预防。

■ 关于修剪

▶ 全年都可以进行修剪。生长速度快，会笔直地生长，在枝叶平衡变差或有一枝生长过快时，就要进行修剪。

▶ 开花时，植株的营养会集中在花上，因此容易生蚜虫，为了保持健康，要尽早将其从花茎上剪下。

枝叶茂密，长出了小枝，整体繁茂的鹅掌藤给人以柔和的感觉。搭配朴素、自然质感的花盆营造出轻松的空气感。

鹅掌柴"小家伙（Chibisuke）"是半附生、枝干生出很多气生根的品种。图中的植物自然地种在一个古色古香的底部具有集水功能的花盆中。因为是小型品种，枝叶都很纤细，容易进行装饰。

各种鹅掌柴

以人气品种鹅掌藤为首，

鹅掌柴有很多品种。

多蕊木（P.52）也是其中之一。

不同尺寸、树形和叶子会给人不同的印象，是应用很广的绿植。

具备简单的植物才有的不过分张扬的存在感，

搭配花盆能享受到更多的乐趣。

端裂鹅掌藤 *Schefflera arboricola* 'Renata'

鹅掌藤的一种，叶子小巧可爱，尖部凹进，只是略微修剪使其枝干弯曲，搭配复古花盆即变身成为一盆小小的盆栽。

斑叶端裂鹅掌藤

斑叶端裂鹅掌藤比绿叶品种更敏感，因此要注意保持通风和充足的日照。黄色的叶子和黑色的花盆形成鲜明对比，冷峻，适合不过分甜美的室内装饰风格。

（左图）

星光（Star Shine）

原产于东南亚菲律宾的星光（*Schefflera albido-bracteata*）叶子有豌豆荚般的光泽，搭配祖母绿色的花盆，成熟又充满个性。叶子上凹陷的纹路充满魅力，但是凹陷部位容易生介壳虫，因此要注意在叶子上洒水来预防。

星毛鸭掌木 *Schefflera minutistellata*

叶子细长，给人雅致的感觉。这个品种具有现代感又兼具和风，配合不同的花盆也可以搭配洗练的室内装饰风格。

鹅掌柴"黄色波浪（Yellow Wave）"

有黄色斑纹的黄色波浪，通过搭配其他绿叶植物制造色差，可以让整体风格变得紧凑，在搭配中能起到重要的作用。

鹅掌藤 "紧凑"

Schefflera arboricola 'Compacta'

精心计划好的生长方向和根部的起伏
弯曲都很引人注目。中间流畅的枝条
和根部的起伏弯曲形成对比。搭配了
朴素的花盆来衬托枝条的形状。

多蕊木（the mallet flower）
Pueckleri

这株植物叫"悬崖"，设计成生长在悬崖边上的样子。想象它在自然中生长的姿态，放在架子上营造流动感。

多蕊木生长迅速，树干可以弯曲或变粗，
因此非常适合想要寻找有冲击力的树形的人。
特点是经常有曲线很独特的树形上市。
多蕊木是鹅掌柴的一种，但是叶子浓密宽大、柔软。
放在日照充足的地方基本上都比较容易培育，
生长速度快，要适时修剪，调整平衡。

学名	*Schefflera pueckleri*
科·属	五加科·鹅掌柴属
原产地	印度、马来半岛、亚洲热带地区
日照	日照充足处 非阳光直射处 明亮的背阴处
水分	喜水 普通 喜干

■ 关于光照

▶ 日照充足的室内环境最理想。要避免夏季阳光直射，让阳光通过蕾丝窗帘照射。放在背阴处时如果浇水过多就容易造成徒长、烂根，要多加注意。不建议长时间摆放在背阴处。当无法长出新芽时，就要移动到日照充足的地方。

■ 关于温度

▶ 耐夏季高温潮湿的环境，但放在室内时要保证通风良好，不闷蒸。不耐寒，因此摆放在室外时，要在10月下旬搬进室内，放在日照充足的明亮处。

■ 关于水分

▶ 从春天到秋天，在土壤表面干燥后充分浇水。冬季时，土壤不容易干燥，要减少浇水的次数。不耐寒，为了不让植物受冻，冬季要避免在晚上浇水和在叶片上洒水，而应在温暖的白天进行。

▶ 日照不好的时候，浇水过多会造成烂根。要检查土壤的干燥情况，在叶子发蔫的时候浇水。

■ 关于害虫

▶ 光照不足或通风不好的话，在室内干燥时，容易生叶螨、介壳虫。多发生在长新芽的时期，如果生了害虫，要立刻驱虫。可以通过在叶片上洒水来预防害虫。

■ 关于移栽

▶ 要在5—9月生长期移栽，如果移出花盆时还没有长出根部，或者土壤种类发生改变的话要注意移栽后的摆放地点，放在避免夏季阳光直射、日照充足的地方。

■ 关于修剪

▶ 枝叶纠缠、新芽生长过多造成植株不平衡的时候，就要进行修剪。修剪纠缠的地方或改善通风也可以预防害虫。只有一处生长点时，如果枝条长得过快，要从叶子上方修剪，新芽会从修剪的部位长出。

笔直生长，修剪了分叉的大型植株。树形让人联想到森林，笔直优雅，搭配有个性的木材花盆，很容易融入室内装饰。

容易弯曲的多蕊木也有直立的树形。这也是一种培育方式，不同植株有不同的风格。当尖端叶子的尺寸大大超过其他叶子时，可以修剪分枝，之后便会长出稍微小一些的叶子。

瓜栗

Pachira

瓜栗容易培育，根部强壮，适应力强。

因为生长速度快容易长出侧芽，

所以树干可以变粗、弯曲，从而设计出各种各样的树形。

纤细、笔直生长的树干和粗壮敦实的树形

给人的印象完全不同，

所以容易搭配各种不同风格的室内装饰。

不易生虫，适合修剪，有耐阴性，

具有适合作为室内绿植的各种条件。

树干顶端会不断长出茎叶，所以要通过修剪来调整树形。

斑叶光瓜栗（*Pachira glabra*）的叶片上，有迷彩斑纹。两根柔美的树干弯曲相依的姿态是它的魅力所在。要避免阳光直射和光照不足，在有精致斑纹的品种中属于容易培育的品种。

学名	*Pachira*
科·属	木棉科·瓜栗属
原产地	非洲热带地区
日照	日照充足处　非阳光直射处　明亮的背阴处
水分	喜水　普通　喜干

■ 关于光照

▶ 全年要避免阳光直射。在一定程度的背阴处也可以生长，但日照过于不足时会徒长，进而破坏平衡，生虫。

▶ 秋天到春天，放在明亮的地方是最理想的。但是直射阳光会灼烧叶片，最好放在上午能照到而下午照不到阳光的地方，或者明亮的背阴处。

■ 关于温度

▶ 耐夏季高温潮湿的环境，但要注意通风。为了保持叶子的美丽，冬季要放在室内温暖处。如果叶片受伤就要采取措施，比如改变摆放地点。

■ 关于水分

▶ 5—9月的生长期，在土壤表面干燥后充分浇水。相对喜干，要拉开两次浇水的间隔，观察土壤状态，充分干燥后浇水。从秋天到冬天要逐渐减少浇水次数，隆冬时在土壤完全干燥2~3天后再浇水。不过如果摆放的地点在冬季时气温能保持在15℃以上，就可以正常浇水。重点是不能过分潮湿。

■ 关于修剪

▶ 根部布满花盆或发生纠缠时会从下方开始落叶，这时要剪下没有叶子的枝条重新设计造型。另外，在新芽生长过长破坏了平衡时，也要进行修剪。因为生长能力强，就算剪下枝干部分，也会从侧面生出新芽。

根部粗大的树形。搭配花盆让整体呈现出菱形。瓜栗本来是乔木，所以会长出宽大的叶片，要勤修剪，让叶子保持飘逸的状态，保持平衡。

根部弯曲，树干笔直生长的树形。这是花时间反复修剪后的植株，突出了瓜栗的特点。搭配质地和形状都很朴素的花盆可突显出植株的纤细。

垂叶榕

Benjamina

在榕属中属于叶子小巧茂密的品种，
给人纤细柔软的感觉。
树干纤细柔软，叶子过于茂密、重量过重时会下垂，
因此要适当修剪，随着树干变粗逐渐调整树形来保持平衡。
基本属于容易培育的品种，
但是如果突然移动位置或者放在不合适的地方，
叶子就会突然掉落。
也能适应环境长成不同的姿态，
要找到能长出新芽的地方。

这盆垂叶榕叶子颜色较深，在根
部附近分枝，整体来看叶子茂密，
所以搭配了稳重的白色花盆，象
征大地，衬托出叶子的柔软。

学名	*Ficus benjamina*
科·属	桑科·榕属
原产地	亚洲热带地区、印度
日照	日照充足处　非阳光直射处　明亮的背阴处
水分	喜水　普通　喜干

■ 关于光照

▶ 喜光，要尽量放在日照充足处。日照好时，叶子有光泽，植株健壮。从春天到秋天的生长期可以放在室外日照充足处。

▶ 环境突然发生变化，比如从明亮的地方突然移到昏暗的地方时会落叶，因此要观察着植株的情况缓缓移动。

■ 关于温度

▶ 不耐寒，摆放在室外时，要在 10 月下旬搬进室内日照充足的明亮处。

■ 关于水分

▶ 从春天到秋天，在土壤表面干燥后充分浇水。春天到夏天长新芽时要避免缺水，可以不时地用喷壶给叶片洒水。冬天在土壤干燥后 2~3 天再浇水，诀窍是保持干燥。

■ 关于害虫

▶ 光照不足或通风不好的话，容易生叶螨、介壳虫。可以通过在叶片上洒水来预防。

▶ 害虫不光会吸收植物的养分，其排泄物还会造成茶煤病。叶子表面附着黏稠物变得黏糊糊的，发现后要立刻用杀虫剂驱虫。要保证通风和光照。

■ 关于移栽

▶ 植株长大后，可以在 5—7 月移栽到更大的花盆中。大约 2~3 年一次，在排水变差时移栽。根部过于纠缠时会造成下部的叶子脱落。

■ 关于修剪

▶ 因为生长迅速，所以剪枝对生长影响较小，要随时修剪。为了保持植株的平衡，要改善通风，基本要在小枝的叶子上方剪下。

▶ 新芽过多时，老叶会变黄脱落，要减掉生长过度的叶子。

叶子颜色较浅的品种。通过修剪设计成圆润茂盛的自然形状。在树干中间形成弯曲，搭配棕色、风格稳重的花盆。垂叶榕枝叶繁茂，可以代替屏风。

叶子上有白色斑纹的小盆栽。带斑纹的品种相对敏感，从秋天到春天要放在日照充足处培育，夏天需要遮光。可以呈现出清爽、优雅的风格。

树干柔软纤细，特意设计成叶子体积左右不对称的树形，方便放在房间的角落，也容易搭配家具。搭配有珍珠光泽的蓝色花盆，展现出现代感。

榕 树

Microcarpa

榕树的特点是在野生环境下会从根部长出无数气生根。
高度可达 20m，被认为是有木灵寄居的树木。
市面上有尺寸从大到小，根部从粗到细的多种树形。
因为会长出气生根，所以喜水，
但是要注意不要浇水过量。
在日照充足的地方培育，
在土壤完全干燥后充分浇水就可以茁壮成长。

学名	*Ficus microcarpa*
科·属	桑科·榕属
原产地	东南亚—日本南部
日照	日照充足处 非阳光直射处 明亮的背阴处
水分	喜水 普通 喜干

■ 关于光照

▷ 喜光，通风要好，从春天到秋天放在室外日照充足的地方可以培育出健壮的植株。晚秋时要搬到室内日照充足的地方。日照不足时会徒长，叶子颜色和光泽也会变差，还会落叶，所以要随时观察并移动摆放位置。

■ 关于温度

▷ 耐寒温度在 5~6℃，5℃以下叶子会发黄脱落，冬季建议放在室内。就算落叶，只要保持一定气温，保持空气湿度较高，就可以在春天长出新芽。

■ 关于水分

▷ 从春天开始生长力变得格外旺盛，需要很多水分，但是要等土壤表面干燥后再充分浇水。要注意，水分不足时叶子会从上方开始枯萎。

▷ 为了保持空气湿度，要用喷壶给叶子充分洒水。

▷ 日照不足时，要注意不要过量浇水。要视新芽长出的情况浇水。

■ 关于移栽

▷ 排水变差，根部纠缠从花盆底部钻出时要进行移栽。根部较容易纠缠，要观察根部的情况，以 2 年一次的标准来移栽。

■ 关于修剪

▷ 因为榕树是乔木，所以要在 5—6 月观察整体树形来剪枝。剪枝处会长出更多的枝条，可以长成平衡感好、茂盛的样子。观察植株的情况，细枝上长出叶子后在叶子上方剪枝，会从剪枝处长出新芽。

▷ 如果不去管生长旺盛的枝条，它就会变得突出，破坏整体平衡，所以要留下 1、2 片叶子后剪枝。当枝条纠缠，或者有影响到其他枝条生长的强壮粗枝时，可以在整体的 1/3~1/2 处剪断，保持植株整体通风良好。

叫"熊猫"的品种（*Ficus retusa* 'Panda'），有肥厚的卵形叶片，是普通榕树品种的圆叶突变品种。修剪、弯曲、气生根都突显了榕树本身的特点。

设计成了接近野生乔木形态的小盆栽。虽然小，但是能让人联想到冲绳广袤的自然景观。枝条有时会生长过度，要勤修剪，保持盆栽的姿态。

大盆南洋参（*Polyscias fruticosa*），
弯曲的树形很美丽。在茎部还是绿色的
时候使其弯曲成现在的树形，设计出独
特的风格。柔软的叶子很适合搭配有泥
土感的花盆。

南洋参
Polyscias

南洋参可以自然不造作地融入高雅的空间中，
因此从春天到秋天销量都很高。
树形新颖，吸引眼球。
主流品种南洋参的叶子很有特点，
呈羽毛状，茂密的纤细叶子让人联想到森林。
原本喜光，但也能适应背阴处。
不耐寒，所以摆放在背阴处时及冬季要减少浇水量。

基本信息	学名	*Polyscias*
	科·属	五加科·南洋参属
	原产地	亚洲热带地区、波利尼西亚
	日照	日照充足处　非阳光直射处　明亮的背阴处
	水分	喜水　普通　喜干

培育方法的要点

■ 关于光照

▶ 喜光，从春天到秋天在室外也可以培育，但盛夏时需要避光。另外，如果摆在室内的植株突然接受阳光直射，叶子会被灼烧；冬季最好能放在日照充足的、温暖的室内。

▶ 环境突然发生变化，比如从日照充足处移到背阴处时，老叶可能会脱落，但是南洋参适应环境的能力强，这种情况下也不必急，只需正常浇水观察，就会长出适应环境的新芽。长出新芽可以当作南洋参适应了环境的标志之一。

■ 关于温度

▶ 喜欢20℃左右的温暖场所。不耐寒，耐寒温度在10℃以上。不适应急剧的温度变化，所以不要突然移动到寒冷的地方，冬季要放在温暖、日照充足的地方。

■ 关于水分

▶ 夏天需水量大，在土壤表面干燥后充分浇水。另外，在高温期间要经常用喷壶给叶片洒水。

▶ 冬天因为寒冷会突然不需要水分，要注意不要浇水过多，通过观察土壤的干燥情况调整浇水频率。冬天要在温暖的上午浇水。放在背阴处时，要特别注意浇水的频率不能过高。

■ 关于害虫

▶ 从春天到秋天会生叶螨、介壳虫和粉介壳虫。室内干燥时容易生叶螨，可以通过频繁在叶片上洒水或用湿润的布擦拭叶片来预防。

■ 关于修剪

▶ 为了改善通风、预防害虫及调整生长平衡，春天要修剪枝条，减少枝条数量。容易长出侧芽，比如修剪过的枝干生出的细芽，所以重要的是剪掉没有必要的芽。

羽毛状的叶子。据说南洋参的名字是由希腊语的 poly（多）和 scias（影）组合而成的。

迷你尺寸，右边是"蝴蝶"，左边是有斑纹的"雪公主"。树干是只有柔软易弯曲的南洋参才能做出的弯曲形状。

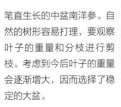

笔直生长的中盆南洋参。自然的树形容易打理，要观察叶子的重量和分枝进行剪枝。考虑到今后叶子的重量会逐渐增大，因而选择了稳定的大盆。

篇 2　柔软的绿植

牛蹄豆

Pithecellobium

特点是叶子会在白天张开，日落后闭合。

纤细温柔的姿态自然不造作，

适合搭配自然、现代、古典等各种风格的室内装饰。

喜光，植株有一定体积，

春夏时可以放在室外，但 10 月末要搬到室内。

适应环境后，有时在背阴处也能长出新芽。

关键是生长期要有充足的水分，

保持良好的通风。

枝条优美地延伸，树形很流行。清爽的白色花盆衬托出叶子的绿色。

学名	*Pithecellobium confertum*
科·属	豆科·牛蹄豆属
原产地	马来半岛、苏门答腊岛、南非、亚马孙河流域
日照	**日照充足处** 非阳光直射处 明亮的背阴处
水分	**喜水** 普通 喜干

培育方法的要点

■ 关于光照

▶ 喜光，要放在日照充足的明亮场所。虽然在背阴处也能适应环境生长，但阳光不足容易发生病虫害。

■ 关于温度

▶ 不耐寒，所以冬天要放在10℃以上的室内，夏天在室外也可以茁壮成长。

■ 关于水分

▶ 在土壤表面干燥后充分浇水。白天叶子张开，夜里合上，水分不足时为了减少蒸发白天也会合上叶子，可以以此作为缺水的标志。

▶ 高温天气可以经常用喷壶在叶子上洒水。

■ 关于害虫

▶ 光照不足或通风不好的话，容易生介壳虫，可以通过在叶片上洒水来预防。

▶ 缺水后纤弱的植株特别容易生虫，如果发现要尽快驱虫。

■ 关于移栽

▶ 纤细的根容易扩张，根部从花盆底部伸出或排水变差时，要以2~3年一次的频率进行移栽。

■ 关于修剪

▶ 修剪时，要剪掉面向下方的老叶来减少叶子的分量，留下新芽，保持叶子面向上方。调整树形让枝干保持纤细。枝干剪短后，树干会变粗，长成威风凛凛的姿态。

小盆也很受欢迎，但是小盆容易缺水，因此要注意浇水。对通风和日照的要求也比大盆更高。

反复修剪后让树干变得粗壮的树形。牛蹄豆的特点是会横向伸展，配合竖长的花盆更协调。图中是傍晚时叶子开始闭合的样子。

新芽茶色带茸毛，很柔软。修剪时可以减掉新芽上方生长得过长的枝条。

新西兰槐"小孩"

Sophora 'Little Baby'

豆属在世界上有 50 多个品种，

新西兰槐"小孩"是原产于新西兰的新西兰槐的园艺品种，

被称为"童话树"。

魅力在于弯弯曲曲的枝条和小巧可爱的叶子，

很适合自然的室内装饰风格。

原种可以长到 2m 高，而市面上多为小盆植株，

春天到初夏时会开出略带橙色的黄色花朵。

凭借自然的力量伸展分离，
虽然流通量少，但是耐寒、
容易培育。

基本信息	学名	*Sophora prostrata* 'Little Baby'
	科·属	豆科·槐属
	原产地	新西兰
	日照	日照充足处　非阳光直射处　明亮的背阴处
	水分	喜水　普通　喜干

培育方法的要点

■ 关于光照

▶ 全年都要放在日照充足、通风好的地方。

■ 关于温度

▶ 耐寒，长出根部的植株可在室外过冬，但最好不要被霜打到，寒冷地区建议放在室内。

▶ 不耐夏季闷热的气候，要注意通风，防止闷蒸。

■ 关于水分

▶ 在土壤表面干燥后充分浇水，冬天拉长浇水间隔，保持干燥。

■ 其他

▶ 最好种在排水性好的土壤中。

▶ 很少生虫，但夏天要避免闷蒸，放在通风好的地方。

▶ 要注意，施肥过量叶子会变大。

罕见的大盆植株。自然生长的枝条形状独特，搭配朴素的棕色花盆以衬托出纤细的叶子。

弯弯曲曲的枝节处长出的叶子有治愈心灵的力量。

合果芋
Syngonium

主要野生在郁郁葱葱的昏暗雨林中，
缠绕在其他植物上生长。
特点是柔软下垂的姿态和美丽的叶子颜色。
种在有一定高度的花盆中可以衬托出枝叶的曲线。
阳光直射会灼烧叶片，
日照不足时会立刻变得无精打采，
不过找到合适的环境后，即使不用打理，
也能依靠自然的力量生长得十分美丽。

不同品种的叶子的颜色和花纹不
同。可以考虑配色搭配几种不同的
品种一起培育。

基本信息	学名	*Syngonium*
	科·属	天南星科·合果芋属
	原产地	非洲热带地区
	日照	日照充足处　非阳光直射处　明亮的背阴处
	水分	喜水　普通　喜干

■ 关于光照

▶ 全年让阳光通过蕾丝窗帘照射植物。

▶ 阳光直射会灼伤叶片，日照不足叶子会变小，枝条徒长、瘦弱，要尽早移动。叶子的状态可以反映出日照是否充足，要注意观察。

■ 关于温度

▶ 耐高温潮湿的气候，但要注意放在通风好的地方。非常不耐寒，冬天至少要保持7℃以上。受冻后，叶子会从下方枯萎，伤到植株，所以冬天要放在温暖的室内。

■ 关于水分

▶ 春天到秋天的生长期需要充足的水分，在土壤表面干燥后要充分浇水，但注意不要过量。特别是日照不足的时候，浇水过多会造成徒长。

▶ 冬天要减少浇水的次数，在土壤表面干燥几天后再浇水。叶子下垂也可以作为需要浇水的标志。

▶ 注意，缺水会伤到叶子。

■ 关于分株

▶ 分枝增多后，可以在5—9月的生长期进行分株。

■ 其他

▶ 长出新叶后，老叶会枯萎，要摘掉枯萎的叶子。

合果芋是藤蔓植物，整体变得茂盛后会逐渐下垂。叶子会全部面朝太阳，所以要注意改变方向来保持平衡。配合叶子的体积选择了花盆，等待叶子下垂。

蕨类植物

Fern and fern allies

蕨类植物喜欢温和的阳光，叶子有分量，颜色美丽，可以在室内装饰中轻松地营造气氛。世界上有很多品种，只用蕨类植物装饰的房间对喜欢通风好、光线温和环境的人来说是最舒适且有治愈效果的空间。蕨类植物喜水，要在过于干燥缺水之前浇水，但是始终保持湿润也不利于生长，所以重点是放在通风好的地方，不让花盆底部积水。

波士顿蕨

学名

Nephrolepis exaltata

科·属

肾蕨科·肾蕨属

原产地

热带—亚热带

光照 非阳光直射处

水分 喜水

肾蕨的园艺品种之一。要注意不能缺水，干燥后充分浇水。在通风好，避免直射阳光的室内培育。温度要保持在10℃以上。

波士顿蕨
"斯科蒂"

学名

Nephrolepis exaltata 'Scottii'

科·属

肾蕨科·肾蕨属

原产地

非洲热带地区

光照 非阳光直射处

水分 喜水

肾蕨的园艺品种之一，特点是毛茸茸的叶子。搭配朴素的石纹方形花盆可呈现出现代和风。培育方法与波士顿蕨相同。

桫椤

学名

Alsophila spinulosa

科·属

桫椤科·桫椤属

原产地

日本南部—东南亚

光照 日照充足处

水分 喜水

木本蕨类，根茎直立，一般市面上销售的是"背阴桫椤（学名笔筒树，拉丁学名 *Sphaeropteris lepifera*）"，虽然名字中有"背阴"二字，但喜光，最好放在明亮且潮湿的地方。要注意，桫椤缺水后很难复苏。

肾蕨

学名

Nephrolepis cordifolia

科·属

肾蕨科·肾蕨属

原产地

本州南端—日本南部

光照 非阳光直射处

水分 喜水

簇生在海边或悬崖等半干燥、日照充足的地方。据说是四亿年前就存在的最古老的植物。培育方式与波士顿蕨相同，在东京以西地区，可以在室外过冬。

荚果蕨

学名

Matteuccia struthiopteris

科·属

球子蕨科·荚果蕨属

原产地

日本、北美洲

光照 明亮的背阴处

水分 喜水

是一种山菜，湿润的半背阴处是最理想的环境，不耐高温和干燥，喜欢通风好的地方。要注意，不要让它缺水。

泽泻蕨

学名

Parahemionitis cordata

科·属

凤尾蕨科·泽泻蕨属

原产地

亚洲热带地区

光照 明亮的背阴处

水分 喜水

因为叶子呈心形，所以又叫作心叶蕨。注意，缺水时叶子会蜷缩起来。要放在通风好，避免阳光直射的地方。有耐阴性，但是长期放在背阴处植物会衰弱。

凤尾蕨

学名 *pteris*　科·属　凤尾蕨科·凤尾蕨属
原产地　全世界的热带—温带地区
光照　明亮的背阴处　水分　普通

凤尾蕨有300多个品种，一般市面上多为热带半耐寒性的品种，所以冬天要放在室内。放在通风好的地方，在土壤表面干燥后充分浇水，培育方法简单，适合新手栽培。图片上是混栽的凤尾蕨。

铁角蕨

学名 *Asplenium*　科·属　铁角蕨科·铁角蕨属
原产地　全世界的热带—温带地区
光照　非阳光直射处　水分　普通

有700多个品种，如巢蕨"阿维斯（Avis）"和大鳞巢蕨（*Asplenium antiquum*）。喜欢弱光，但日照不足叶子会变黄枯萎，所以要让阳光通过蕾丝窗帘照射。放在通风好的地方，在土壤表面干燥后充分浇水。

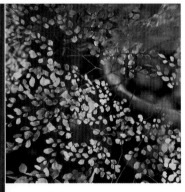

铁线蕨

学名 *Adiantum*　科·属　凤尾蕨科·铁线蕨属
原产地　非洲热带地区
光照　非阳光直射处　水分　喜水

栗黑色的茎，叶子单薄呈羽状展开，形状美丽。阳光会灼烧叶片，使叶片蜷曲，因此要避免阳光直射，放在室内的明亮处。不耐干，容易缺水，所以除了冬天，都要保持土壤呈半干状态。特别是夏天容易干燥，需要在早上和傍晚浇两次水，也要勤在叶片上洒水。保持通风、避免闷蒸也很重要。

骨碎补

学名 *Davallia mariesii*

科·属 骨碎补科·骨碎补属

原产地 东亚

光照 非阳光直射处 　水分 普通

特点是根茎有茸毛，与黑兔脚蕨很像，但原产地不同。该品种拉丁学名现已修订为 *Davallia trichomanoides*。凉爽的叶子在炎热的夏日能让人感到舒适。夏天会换叶，而冬天叶子也不会掉光。在东京以西地区可以在室外过冬，但要注意不要被霜打到。其他基本的培育方法与黑兔脚蕨相同。

黑兔脚蕨（Black rabbit's foot fern）

学名 *Davallia trichomanoides*

科·属 骨碎补科·骨碎补属

原产地 马来西亚

光照 非阳光直射处 　水分 普通

根茎有茸毛，匍匐于地面或覆盖在岩石上。很健壮，只要通风良好，在室内也可以培育。日照充足的话可以培育出健壮的植物，但是为了防止叶子在夏天被灼伤，要移到明亮的背阴处。在土壤表面干燥后充分浇水，在叶片上洒水效果也很好。在初春剪掉老叶的话，初夏时会再次长齐。不如骨碎补耐寒。

金水龙骨

学名 *Phlebodium*　　**科·属** 水龙骨科·金水龙骨属
原产地 非洲热带地区　　**光照** 明亮的背阴处　　**水分** 普通

叶子是美丽的蓝绿色，干燥的质感很独特。喜欢温暖湿润的地方，
在干燥处很容易培育。阳光直射会灼伤叶片，夏天最好让阳光通
过蕾丝窗帘照射进来。要注意，日照不足的话，叶子颜色会变差，
重点是通风良好，不要过量浇水。

多足蕨

学名 *Polypodium*　　**科·属** 水龙骨科·多足蕨属
原产地 全世界的热带—温带地区
光照 明亮的背阴处　　**水分** 普通

大多品种的叶子顶部像鸡冠一样有细密分叉，有一定的耐阴性，
但日照不足叶子会焦枯。如果无法长出新芽，就要移到日照充足
的地方。通风不好时容易生介壳虫。基本培育方法与金水龙骨相
似，较易培育。

海金沙叶观音座莲

学名 *Angiopteris lygodiifolia*
科·属 合囊蕨科·观音座莲属
原产地 日本南部、中国台湾省　　**光照** 明亮的背阴处　　**水分** 普通

大型蕨类，叶子长度能达到 1m，特点是老叶脱落后会留下黑褐色的块
状叶痕，从叶痕处会长出数片叶子，很有趣。种在花盆中时，长出一
片新叶就会有一片老叶枯萎，可以剪掉。喜欢避免直射阳光的明亮地点，
有耐阴性，如果无法长出新芽就要移动到明亮的地方。喜欢潮湿的环境，
在土壤表面干燥后充分浇水，如果通风不好会生霉菌，浇水后要注意
通风。日照不足时，要特别注意不要浇水过量。

篇**3** 曼妙下垂
的绿植

白粉藤

Cissus

在全世界的热带、亚热带分布着大约 350 个品种，
其中有几种被当作赏叶植物栽培。
是具有代表性的藤蔓型室内绿植，叶子颜色丰富。
柔美下垂的姿态很容易融入室内装饰。
除了悬挂在天花板上之外，也可以放在架子上垂下枝条，
或让它在桌子上匍匐，
放在不同的地方有不同的欣赏方式，
也是这种植物的魅力之一。

原产于热带非洲的菱叶白粉藤（*Cissus rhombifolia*）的园艺种"埃伦·丹尼卡（Ellen Danica）"，生长速度快，很容易变得繁茂，是常见品种。适合搭配复古的装饰风格。日照稍有不足也可以茁壮成长。

基本信息	学名	*Cissus*
	科·属	葡萄科·白粉藤属
	原产地	全世界的热带—亚热带地区
	日照	日照充足处　非阳光直射处　明亮的背阴处
	水分	喜水　普通　喜干

培育方法的要点

■ 关于光照

▶ 要放在室内明亮的地方，夏季直射阳光过强会灼伤叶片，可以放在只有上午能照到阳光的地方或明亮的背阴处。在夏天以外的时间里接受阳光直射，可以培育出健壮的植株。

▶ 日照不足，茎部会变得纤弱，叶子颜色变差，生长力减弱，就要改变摆放的位置。

■ 关于温度

▶ 多数品种不耐冬季严寒，要注意保持温度在 10℃ 以上，摆在温暖、日照充足的地方。

■ 关于水分

▶ 基本要在土壤表面干燥后充分浇水。相对耐寒，要注意不要浇水过量。湿度过大会烂根，所以要注意通风。

▶ 冬天因为寒冷而生长缓慢，要保持干燥。在土壤表面干燥 2~3 天后再浇水。

■ 关于害虫

▶ 原本不易生害虫，日照不足造成植株纤弱时，会容易生叶螨和介壳虫。可以通过在叶片上洒水来预防。

■ 关于移栽

▶ 植物根部的叶子枯萎可能是因为根部纠缠，要进行移栽。

雅致的园艺品种，藤蔓很长，适合悬挂装饰。

叶子形状可爱的人气园艺品种糖藤（Sugar Vine）不耐寒，冬天要放在室内。容易缺水，要及时浇水。

澳洲白粉藤（*Cissus antarctica*）原产于澳大利亚，叶子呈圆形且有锯齿，种在复古的花盆中自然不造作。

常春藤

Hedera

英文名字的意思是"传统的"，
枝节部位会长出气生根并附着在墙壁或树木上攀缘生长。
叶子的颜色和形状丰富，因此销量高，
在各种公共场合作为覆盖植被使用。
由于环境的变化，
有时为了长出新芽，老叶会脱落，
是容易培育的健壮植物。

基本品种洋常春藤（*Hedera helix*），英文名为 English Ivy，特点是枝条能生长到很长，高雅且不落俗套。

学名	*Hedera*
科·属	五加科·常春藤属
原产地	北美洲、亚洲、欧洲
日照	日照充足处　非阳光直射处　明亮的背阴处
水分	喜水　普通　喜干

培育方法的要点

■ 关于光照

▶ 尽量在日照充足处培育。但盛夏的日光直射会灼伤叶片，要放在只有上午能照到阳光的地方或明亮的背阴处。

▶ 耐阴性强，在背阴处也能生长，但照到阳光的话，叶子会更有光泽。在过于阴暗的环境中，新芽无法生长。

▶ 特别是带斑纹的叶子，在光照不足时纹路会变淡或消失。

▶ 不适应环境的突然变化，改变摆放地点后叶子可能会突然脱落，但多数情况下会很快长出新叶，可以不用着急细心照料。

■ 关于温度

▶ 耐寒温度在 0~3℃。在一般的地区及温暖的地区可以在室外过冬，也可以移到室内。

■ 关于水分

▶ 春天到秋天的生长期间，在土壤表面干燥后充分浇水。可以适应稍微干燥的环境，但土壤太过干燥时，叶子会从下方开始脱落。冬季生长缓慢，要减少浇水次数，保持干燥。

■ 关于害虫

▶ 要注意，通风不好时容易生害虫，特别是放在阴暗的地方容易生叶螨，可以通过在叶片上洒水来预防。

■ 关于移栽

▶ 生长力强，放着不管的话，根部会长满整个花盆导致无法吸水。要以1~2年一次的标准移栽；在气温较高的5—9月，随时可以移栽。

洋常春藤的园艺品种很多，有带斑纹的品种，也有叶子蜷缩的品种，可以根据喜好来选择。图中从左上向右分别是梅兰妮（Melanie）、金星（Goldstern）、点石成金（Midas Touch，中间）、冰川（Glacier）。

绿萝

Epipremnum aureum

外观传统，但不会让人生厌，是常规的赏叶植物，
在会下垂的植物中属于容易培育的健壮品种。
是有蔓生性的附生植物，
在热带地区会沿大树向上攀爬。
最近，没有斑纹的纯绿色品种很新颖，
可以搭配任何风格的室内装饰，很受欢迎。
茎部可以储存水分，
因此要注意不要浇水过量，要经常在叶片上洒水。
生长过长会落叶，要适当修剪。

容易搭配室内装饰的新品种，深绿叶子的
"完美绿（Perfect Green）"，原种绿
萝是纯绿色的。生长速度快，可以摆放在
高处，让枝叶垂下作为装饰。

基本信息	学名	*Epipremnum aureum*
	科·属	天南星科·麒麟叶属
	原产地	所罗门半岛
	日照	日照充足处 非阳光直射处 明亮的背阴处
	水分	喜水 普通 喜干

培育方法的要点

■ 关于光照

▶ 不喜欢过强的日照，春天到秋天通过蕾丝窗帘照射进来的阳光刚刚好，冬天最好放在室内日照充足的地方。

▶ 耐阴性强，可以在背阴处生长，但太阴暗的地方会徒长，生长力不强，要尽量在明亮的地方培育。

■ 关于温度

▶ 冬天要放在 5℃ 以上的室内。冬天在有暖气的房间也可以生长。

■ 关于水分

▶ 春天到秋天的生长期，在土壤表面干燥后充分浇水。茎部能储存一定水分，所以浇水过量会造成烂根。

▶ 最低温度低于 20℃ 后会逐渐减少吸水量，要减少浇水的次数。冬天在土壤表面干燥后 2~3 天再浇水。

▶ 喜欢湿度高的空气，用喷壶等给叶片洒水，能让植物更好地生长，也可以预防叶螨和介壳虫。

■ 关于害虫

▶ 要注意，通风不好时会生叶螨或介壳虫，植株突然变得纤弱有可能是生了害虫，要尽早发现。

■ 关于修剪

▶ 藤蔓过长后，营养可能无法到达，可能会突然枯萎。生长过长的话根部营养会变得不足，要剪短后让植物重新生长。

有斑纹的"恩乔伊（N'joy）"是近年来出现的原产于印度的品种。有令人吃惊的耐干能力，植株强健，甚至可以在空气中生根，生长旺盛。搭配有个性的花盆后，传统的绿萝也能成为室内装饰的亮点。

有散斑的品种，名字叫"大理石绿（Marble Green）"。比起素净的花盆，搭配带斑纹的花盆更能展现出沉静的氛围。

舌苔球兰（*Hoya pubicalyx*）有藤蔓性，叶片上散落着斑纹，可采取悬挂的方式欣赏垂下时的动感。传统的叶子形状和重量感易于融入室内装饰中。

球兰

Hoya

多为有蔓生性的多肉植物，攀附在树干或岩壁上，
根据品种不同而有多种多样的形状和颜色。
日本名"樱兰"取自于有樱花色的品种，
叶子有蜡质工艺品般的触感，
花朵浓烈的香味也是球兰的魅力之一。
日照充足时容易培育，大的植株容易开花。
多肉质的叶子能够储存水分，
只要注意不要浇水过量并且保证充足的日照，
新手也能很容易地培育。

学名	*Hoya*
科·属	夹竹桃科·球兰属
原产地	日本南部（九州、冲绳）、亚洲热带地区、澳大利亚、太平洋各岛
日照	日照充足处　非阳光直射处　明亮的背阴处
水分	喜水　普通　喜干

培育方法的要点

■ 关于光照

▶ 尽量放在日照充足的地方，但盛夏阳光太强会伤到叶片，最好选择避开直射阳光的明亮处。

■ 关于温度

▶ 耐热而不耐寒，就算是冬天，最好也能保持在 7~8℃；温度低于 5℃生长力会变弱。

▶ 摆放在室外时，要在 11 月左右移到室内阳光充足的温暖场所。

■ 关于水分

▶ 喜干的多肉质植物。从春天到秋天的生长期，当叶子表面出现皱褶后充分浇水。为了避免再次出现皱褶，浇水要浇到水从花盆底部溢出来，整个花盆都被水浸透。

▶ 冬季温度低，生长缓慢，因此要减少浇水的次数。土壤表面干燥后 3~5 天再浇水。抚摸叶片，选择叶片没有因寒冷而变凉的时间浇水。

▶ 喜欢湿度高的空气，夏天可以用喷壶等在叶片上洒水。

▶ 不喜欢过于潮湿的土壤，日照不足时特别应注意不要浇水过量。

■ 关于害虫

▶ 光照不足或通风不好的话，会容易生介壳虫。可以通过在叶片上洒水来预防。

■ 关于修剪

▶ 生长过长的藤蔓和叶子变少的藤蔓要在生长期剪掉。球兰容易生根，剪下的枝条可以扦插，不过生长缓慢，生根需要一定的时间。

▶ 球兰上开过一次花的位置每年都会开花，因此不要剪掉开过花的藤蔓。还没有开过花的藤蔓在伸长后也可以开花，不要剪掉。

不同品种的球兰叶子的颜色和形状不同，完全看不出来同属于球兰。从右边开始是叶子扭曲的卷叶球兰，有红色叶子的斑叶球兰（*Hoya carnosa* 'Variegata'），心形叶片的凹叶球兰（*Hoya kerrii*），叶子小巧略带银色斑纹的银斑球兰（*Hoya curtisii*）。

叶子扭曲着覆盖在一起的卷叶球兰（*Hoya compacta*）。可放在地板上，让垂下的藤蔓翻倒用作装饰。

球兰中最流行的凹叶球兰，因为心形的叶子又被称作心叶球兰。市场上经常见到用叶子扦插的产品，球兰特有的强劲蔓生性能够让它成为室内装饰的主角。

叶脉上浮现出斑纹，叶子边缘呈现出淡粉色，野性的"黄金边（Golden Margin）"。搭配了方形的、有个性的陶质花盆。

稀少的品种（*Hoya tsangii*）给人冷酷的印象。照到阳光后，圆形叶子的边缘会出现深紫色。

卷叶球兰的花是伞形花序，即多个小花呈放射状开放，气味香甜、有独特的质感，很多人被它可爱的姿态所吸引。

不同品种的花朵的颜色和外观不同。左边是裂瓣球兰（*Hoya lacunosa*）的花朵，右边是维特球兰（*Hoya wayetii*）的花朵。

丝苇

Rhipsalis

属于仙人掌科，但与普通的仙人掌形状不同，
与仙人掌属于同类植物。
附生在森林中的树木上，属于在树荫下生长的多肉植物，
害怕阳光直射，有一定耐阴性，在比较干燥的环境下容易生长。
有叶子平坦的"宽叶"品种和细线形状的"细叶"品种，
枝节处可以生根，容易扦插。
春天会开白色或黄色的小花，
有些品种可以结出粉色或橙色的半透明果实，
结果时鲜艳的外表很独特。

叶子的形状多种多样，因此可以将宽
叶和细叶的多个品种混合培育，营造
出森林一般的氛围。

学名	*Rhipsalis*
科·属	仙人掌科·丝苇属
原产地	非洲及美洲的热带地区
日照	日照充足处 非阳光直射处 明亮的背阴处
水分	喜水 普通 喜干

培育方法的要点

■ 关于光照

▶ 要放在避免阳光直射的明亮室内，或阳光通过蕾丝窗帘照射的位置。日照稍显不足时也可以生长，但是要注意害虫，注意浇水的频率。

■ 关于温度

▶ 喜欢高温潮湿的环境，冬天气温低于 5℃ 时，只要叶子不出现皱褶，就可以不再浇水。

■ 关于水分

▶ 属于喜干植物，等土壤表面干燥、叶子变细或出现皱褶时再充分浇水。喜欢湿度高的空气，要经常用喷壶给叶片洒水。叶子和根部可以吸收水分。

■ 关于害虫

▶ 光照不足或通风不好的话，在室内干燥时容易生介壳虫。介壳虫会生在叶子的关节处，要用牙刷刷掉，喷洒杀虫剂后放在通风良好的地方。可以通过在叶片上洒水来预防。

■ 关于扦插

▶ 没有必要特意修剪，可以剪下 5~6cm 长得过长的茎，等切口干燥后进行扦插。会从枝节处生根，插在排水好的土壤中浇水就可以。

丝苇（*Rhipsalis robusta*）圆形的叶子连成一排，下垂的样子很独特。

姿态利落的细叶"五月雨"。枝节处会开出白花，外观可爱。

叶子向四面八方伸展、外形独特的丝苇，放在木质花盆中可以营造出寄生在树木上的气氛。

玉柳（*Rhipsalis paradoxa*）每间隔4~5cm就长出一片厚厚的卷曲叶子，具有自然又神秘的美感。丝苇无论是放在吊篮中垂下，还是种在花盆里并放在架子上，都很有存在感，可以展现叶子的流动感。

丝苇（*Rhipsalis baccifera*）的特点是叶子纤细柔弱。种在复古的盒状花盆中自然而不造作。

同样是细叶，青柳（上）的绿色叶子表面
光滑，赤苇（Rhipsalis pilocarpa，下）
的叶子是毛茸茸的。为了配合自由奔放的
叶子形态，既可以选择朴素的花盆来衬托
又可以选择有个性的花盆来相映生辉，选
择花盆也是一种乐趣。

篇 3　曼妙下垂的绿植

眼树莲

Dischidia

茎部关节处可以长出气生根，

是贴在岩壁或树木上生长的蔓生性附生植物。

有很多肥厚而饱满的小叶子，外表柔和可爱，人气很高。

只要摆放的环境合适就能茁壮成长，

可以开出很多小花，对日照较敏感。

重点是放在避免阳光直射的明亮处，让根部保持干燥。

喜欢湿度高的空气，所以要经常用喷壶给叶片喷水。

这是一种多肉植物，利用多肉的培育技巧来挑战培育它吧！

用铁丝固定在墙上，以简单的排列作为装饰。左边是"绿宝石（Emerald）"，右边是串钱藤（*Dischidia oiantha*），尺寸小巧的眼树莲可以轻松地融入室内装饰中。

学名	*Dischidia*
科·属	夹竹桃科·眼树莲属
原产地	东南亚、澳大利亚
日照	日照充足处　非阳光直射处　明亮的背阴处
水分	喜水　普通　喜干

■ 关于光照

▶ 全年要放在避免阳光直射的明亮场所。日照不足时，叶子会变黄并逐渐脱落。重点是观察植物并寻找合适的地方。

■ 关于温度

▶ 耐寒温度为 5~10℃，超过 12℃ 为生长温度。耐热，但是要注意通风不闷蒸。冬天在室内温暖的地方培育。

■ 关于水分

▶ 喜干，要注意不能过于潮湿。在土壤表面干燥后充分浇水，叶子出现皱褶是需要浇水的标志。土壤过于潮湿会烂根，导致无法吸水，最终枯萎。

▶ 喜欢湿度高的空气，要注意室内开了空调的话可能会因为空气太干燥而枯萎。可以用喷壶等给整株植物洒水。

▶ 冬天天气寒冷，生长缓慢，要降低浇水的频率，在叶子出现皱褶后再浇水。

■ 关于害虫

▶ 光照不足或通风不好的话容易生介壳虫。发现后要刷掉，注意不要伤到茎叶。可以通过在叶片上洒水来预防。

■ 关于修剪

▶ 植株长大垂下时，或根部叶片减少时，要减掉过长的藤蔓重新培育。枝节处长出根部后容易生根，可以进行扦插。

西瓜皮眼树莲（*Dischidia ovata*）卵形的叶片上有竖着的叶脉，并带些红色的新芽，看上去很美丽。

西瓜皮眼树莲的花。生长环境好就能开出小花，花期短暂的花朵惹人怜爱。

百万心（*Dischidia ruscifolia*）长长的藤蔓上有无数小巧的叶片。
植株状态好的话，枝节处会长出气生根，并开出很多白色的小花。
生长过长的话，底部叶子会减少，要适当修剪来保持植株的平衡。

百万心心形叶片上有白色斑纹，像它
的名字一样，很可爱。要放在通风好，
阳光能通过蕾丝窗帘照射进来的地
方。有斑纹的品种比较敏感，要注意
日照和通风。

篇4 有个性的绿植

龙血树

Dracaena

品种很多，有红色、黄色、白色等色彩丰富的叶子，
细细的枝干弯弯曲曲，树形很独特。
与其他叶子宽大、生机勃勃的绿植和叶子纤细的绿植不同，
龙血树很有个性。
因为叶子美丽纤细，
阳光直射后，叶片会因被灼伤而变色，
所以要注意日照，
边观察叶子的颜色边选择摆放的地点。

百合竹（*Dracaena reflexa*）的一
种，名字叫"牙买加之歌（Song of
Jamaica）"。经过多次修剪后培育
出的树种，用带支架的火盆代替花
盆。使植物和火盆达到平衡很重要。

学名	*Dracaena*
科·属	天门冬科·龙血树属
原产地	非洲及亚洲的热带地区
日照	日照充足处　非阳光直射处　明亮的背阴处
水分	喜水　普通　喜干

培育方法的要点

■ 关于光照

▶ 生长期需要较为充足的光照，但是因为叶子容易灼伤，所以要避免夏天的阳光直射。有耐阴性，但是在背阴处叶子会变得纤弱。

▶ 在室内培育时，茎会朝着太阳的方向弯曲，要经常旋转花盆来保持树形平衡。

▶ 在背阴处的植物突然接触到阳光叶片会被灼伤，改变环境后要让植物逐渐习惯。

■ 关于温度

▶ 早上的最低温度低于 15℃后，就要移到日照充足、温暖的室内，并保持室温在 5℃以上。

■ 关于水分

▶ 基本上喜干。5—9 月生长期，在土壤表面充分干燥且发白后浇水，早上最低气温低于20℃时要逐渐减少浇水的次数。冬天或放在背阴处时，如果浇水过多会烂根，因此要在土壤表面干燥后浇水。

■ 关于害虫

▶ 光照不足或通风不好的话容易生介壳虫，要保证充足的日照，经常在叶片上洒水来预防。

■ 关于修剪

▶ 龙血树会一直向上长，生长过高后要剪短，让植物长出新芽，重新培育。在生长期之前的 4 月到 5 月中旬修剪的话，可以在当年长出新芽。

▶ 根部长出过多新芽的话，植株会变得纤弱，可以摘除根部的新芽，或者剪去老枝来重新培育。

马尾铁"彩虹"（*Dracaena marginata* cv. *Rainbow*），叶子是像彩虹一样鲜艳的红色，中间扭转的树干是植株引人注目之处。虽然是小盆栽，但突显出了树干的柔软，是很有龙血树风格的植株。

马尾铁"白冬青（White Holli）"，在日照充足的地方生长便颜色鲜艳，但要注意日照过强就容易灼伤叶片。将三个小盆像兄弟一样排列在一起，能自然地衬托出每一株稍显不同的个性。

马尾铁（*Dracaena marginata*）是粗壮的品种。放在明亮的场所，当温差明显时，颜色会发黑；而在昏暗的环境中，绿色更明显。图片是大胆修剪后清爽的植株。

叶子以绿色和红色为底色，带有黄色斑纹的马尾铁"三原色（Tricolor）"。容易发芽并弯曲，所以培育出了纤细的枝条。三种颜色的叶子色彩鲜艳，为制造反差而搭配了灰色的方形花盆，更加衬托出它美丽的绿色。

朱蕉
Cordyline

与龙血树相似，但因为品种、原产地不同，
所以生长环境稍有区别。
朱蕉有耐阴性，
但最好在日照充足的地方培育，也有一定耐寒性。
基本培育方法请参考龙血树。
龙血树的须根是红色和黄色的，
而朱蕉有多肉质的白色地下茎，
二者可以通过根部来区分。

学名　*Cordyline*
科·属　百合科·朱蕉属
原产地　东南亚、澳大利亚、新西兰
光照　日照充足处　水分　普通

避开夏季的阳光直射，全年放在明亮的地方。叶子
颜色浅，要注意阳光直射容易灼伤叶片，而日照不
足叶子颜色会变差。朱蕉的耐寒性比龙血树好，但
要在10月下旬移到室内。光照不足或通风不好的
话，容易生介壳虫。

朱蕉（*Cordyline fruticosa*）中的"紫色紧凑
（Purple Compacta）"，叶子上有紫色纹路。
会笔直生长，所以修剪了不断长出的新芽，调
整了枝干的弯曲形状，培育出了有原创性的植
株形态。要注意，日照不足时容易生害虫。

细叶朱蕉（*Cordyline stricta*），树形优雅
地弯曲，较容易培育，推荐给新手培育。

叶片上有多种颜色的细线，像画一样，
仔细看会发现每一片叶子纹路都不同。

鹿角蕨
Platycerium

贴在树木或岩石上生长的鹿角蕨也叫蝙蝠兰，
因为独特的形态而被很多人喜欢。
有能够覆盖住自己的宽大营养叶，
营养叶上长出的孢子叶形似鹿角。
在合适的环境中，新手也能够轻松培育，
可以放在日照充足、高温潮湿的地方，
用于欣赏各种各样的装饰方式。

左上选悬挂的鹿角蕨是寄生在椰子
上的品种，刚刚移栽完成。其他两
个悬挂的鹿角蕨和左下角放在架子
上的植株已经培育了十年。因生长
缓慢，尺寸大的植株价格很高，不过，
购买小株在脑海中勾勒出它长大的
样子也是一种享受。

学名	*Platycerium bifurcatum*
科·属	水龙骨科·鹿角蕨属
原产地	南美洲、东南亚、非洲、大洋洲
日照	日照充足处　非阳光直射处　明亮的背阴处
水分	喜水　普通　喜干

培育方法的要点

■ 关于光照

▶ 秋天到冬天可以放在明亮的窗边，夏季的直射阳光会灼伤叶片，因此需要遮光。日照不足时，生长会明显衰弱，叶子变成黄色或茶色，要观察植株的情况，保证日照充足，不长出新芽也是日照不足的标志。

■ 关于温度

▶ 喜欢高温潮湿，春天到秋天在避免直射阳光的室外也可以生长。10月后要放在室内。

各种挂在墙上的迷你尺寸鹿角蕨。因为是附生在苔藓上，泥炭藓自身含有水分，而且悬挂可以保证通风良好，所以出芽的位置也很自由。

营养叶从春天到秋天会生长，覆盖自身，储存水分和养分。时间长了会枯萎并变成茶色，化为植株自身的养分。孢子叶从秋天到冬天生长，孢子叶背面会长出孢子来繁育。

关于水分

▶ 春天到秋天2~3天浇一次水，在移栽物的表面干燥后充分浇水。冬天每周浇一次水，移栽物表面完全干燥后充分浇水

▶ 水要浇在营养叶背面，种在花盆中时，可以将花盆整个浸入装水的筒中。营养叶背面会生根，要让根部接触到水分，但如果始终处于潮湿状态中，营养叶会腐烂；灌根水分不足的话，会营养不良或枯死。浇水时要观察移栽物和孢子叶的状态。

▶ 因为营养叶中有储水组织，所以天气严寒时不要浇水。

▶ 喜欢湿度高的空气，可以用喷壶在叶片上洒水。

关于施肥

▶ 生长期，每两个月在重叠的老茶色营养叶背面施一次缓效固体肥料。种在花盆中的话，可以在花盆两边放上油渣作为肥料，或者在浇水时同时浇入液体肥料。

关于害虫

▶ 通风不好的话，生长期容易生叶螨和介壳虫。另外，通风不好且过于潮湿的话，可能会发霉。特别是浇过水后容易生虫或发霉，因此要放在通风好的地方。

关于分株

▶ 可以分株繁育。母株的营养叶下方会长出子株，当子株长出3片以上的孢子叶时，可以在确认长出根部后切下种在花盆中。

虎尾兰
Sansevieria

虎尾兰的特点是叶子的形状和花纹多种多样，
品种丰富，销量大。
因为能释放负氧离子而出名。
有耐阴性，植株强健容易培育，
不容易生害虫，因此推荐给新手培育。
虎尾兰是生长在树荫处的植物，
所以培育重点是避免盛夏的阳光直射，
冬天植株会休眠，要断水。
配合叶子的特点选择花盆，
可以搭配多种风格的室内装饰，
还可以设计出超越自身概念的装饰方法。

叶子呈现放射状散开的虎尾兰，
搭配了有现代感的花盆。配合垂
下的子株选择了较高的花盆，展
现出了生命的力量和植株的株龄。

基本信息

学名	*Sansevieria*
科·属	百合科·虎尾兰属
原产地	非洲、南亚的热带—亚热带地区
日照	日照充足处　非阳光直射处　明亮的背阴处
水分	喜水　普通　喜干

培育方法的要点

■ 关于光照

▶ 选择每天能照到几个小时阳光的地方，容易生长。有一定的耐阴性，但需要适量的阳光。阳光直射会灼伤叶子，要注意避免。

■ 关于温度

▶ 耐夏季高温，喜干，要避免闷蒸。气温超过 20℃后会进入生长期。不耐寒，所以冬天要放在 10℃以上的室内。温度下降后，叶子颜色会变差。

■ 关于水分

▶ 水分会储存在叶子里，所以喜干。
▶ 春天到秋天每天浇一次水，在土壤表面干燥后充分浇水，但低温期会休眠，所以空气温度在 8℃以下时要断水。室温超过 15℃时，要在天气好的日子里浇水。
▶ 如果控制了浇水但并没有长出新芽的话，那么有可能是出现了烂根。

■ 关于移栽

▶ 花盆中长满了根系时要在 5—6 月或者 10 月进行移栽。可以通过分株或扦插来繁育。分株时，要确认已经长出了细根后再从母株上分离。扦插时，从地上部分剪下 10cm 左右的叶子插入土中，在非阳光直射处培育。在叶子上出现皱褶，长出根部后浇水。

厚厚的叶子向左右延伸，这是稀有品种香蕉虎尾兰（*Sansevieria ehrenbergii* 'Banana'）。叶子尖端上挺，种在有底座的花盆中，显得气质高雅。

虎尾兰（*Sansevieria parva*）和禾叶虎尾兰（*Sansevieria gracilis*）的杂交品种"基布楔子（Kib Wedge）"，种在浅盆里展现出盆栽的风情。蓝色花盆单薄的边缘衬托出了叶子顶端的美感。

虎尾兰中最耐旱的锡兰虎尾兰
（*Sansevieria zeylanica*）。是
具有耐阴性、强健的品种。搭配
雅致的花盆，使波浪形的坚硬叶
片显得柔和。

笔直生长的虎尾兰搭配了带耳朵
的花盆，为了搭配叶子的形状而
挑选的花盆，二者相映成趣。

叶子如手掌般俏皮的棒叶虎尾兰
"佛手"（*Sansevieria cylindrica*
'Boncel'）。特意摆放两盆植物
增加了可爱的感觉，就像两只小手
在挥动。

东非虎尾兰 (*Sansevieria grandis*) 的特点是叶子宽大，一株植物上有好几片大叶子，在虎尾兰中给人的印象比较柔和。搭配了圆润的花盆，让人联想到小白兔。

叶子细长呈棒状的棒叶虎尾兰。种在浅底陶盆中，突出叶子的长度和植株的大小。这是花长时间培育的植株与手工陶艺花盆的搭配。

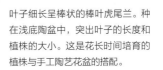

两盆龙舌兰都是可以放在桌上的尺寸。上方是叶子的一部分卷曲的"泷之白丝"，下方是叫作"雷神"的棱叶龙舌兰（*Agave potatorum*），花朵被称为"神之花"。

龙舌兰

Agave

生长在赤道周围干燥地区的多肉植物。
可以在白天最高温度达到 50℃的环境中生长，
还有一些品种生长在海拔数千米的高山上，
可以忍耐 −25℃的低温。
普遍生长缓慢，
多数品种需要几十年才能开花，
花开过之后母株逐渐枯萎，
被子株替代的习性很神秘。

基本信息	学名	*Agave*		
	科·属	天门冬科·龙舌兰属		
	原产地	墨西哥、美国西南部		
	日照	日照充足处	非阳光直射处	明亮的背阴处
	水分	喜水	普通	喜干

培育方法的要点

■ 关于光照

▶ 全年都要放在室内阳光最好的地方。日照不足会导致叶子发黄纤弱。

▶ 夏季可以接受阳光直射，但要避免突然从背阴处移到阳光直射的地方。要注意，带斑纹的品种的叶片容易被灼伤。

■ 关于温度

▶ 不同品种的生长温度不同，15~20℃是最合适的温度。龙舌兰和仙人掌一样没有休眠期，因此只要温度合适，随时都可以生长。

▶ 畏寒的品种在冬天要注意温度不能过低。也有可以在室外过冬的品种。

■ 关于水分

▶ 最低温度在5℃以上时，每个月浇1次水，4℃以下时不需要浇水。如果浇水的话，畏寒品种的叶子可能会受伤。

▶ 摆放在通风和日照良好的地方并保持干燥就能茁壮成长。日照不好时，要注意不能浇水过量。

■ 关于移栽

▶ 长出子株后可以在5—7月的繁殖期分株。施肥太多会伤到根部，所以几乎不需要施肥。

叶子边缘有黄色斑纹的礼美龙舌兰（*Agave desmettiana*）给人以柔和的感觉。简洁的水泥花盆衬托着喷薄而出的叶子。

大盆棱叶龙舌兰。玫瑰花形状的叶子长大后能呈现出压倒性的存在感，大部分龙舌兰的叶子边缘均有刺。

芦荟

Aloe

叶子上有刺且质地很厚的多肉植物。

劲头十足地伸展的树干，

肥厚的叶子像玫瑰花瓣或扇子一样展开，

这种野性的姿态被许多人所喜爱。

大家一般都知道木立芦荟和库拉索芦荟，

其实市面上有各种大小和叶子颜色不同的品种，

可以体会到挑选的乐趣。

耐热性强，也具有耐阴性，

保持干燥就能茁壮成长，所以也推荐给新手。

学名	*Aloe*
科·属	阿福花科·芦荟属
原产地	南非、马达加斯加岛、阿拉伯半岛
日照	日照充足处　非阳光直射处　明亮的背阴处
水分	喜水　普通　喜干

■ 关于光照

▶ 全年都要放在日照充足的地方，日光充足能增加耐寒性，但是要避免盛夏的阳光直射。有一定的耐阴性，但是应注意不要让植物日照不足。

■ 关于温度

▶ 耐夏季高温、闷热的天气。耐寒温度在 5℃ 左右，温暖的地区断水后能在室外过冬，但不同种类的耐寒性有差异，所以为了不让叶子冻伤或被霜打，最好在冬天搬回到室内。

■ 关于水分

▶ 全年保持干燥，在土壤表面完全干燥后充分浇水。

▶ 在多肉植物中，属于根据摆放位置不同能够充分吸水的品种。叶子上出现皱褶或叶子直立变细是缺水的表现。冬天要减少水量，选择温暖的日子在上午浇水，寒冷的地区可以断水。

■ 关于移栽

▶ 当下方的叶子脱落、树干伸长破坏了平衡的时候，要切短后重新培育。从最下方叶子以下10cm处剪断，阴干1周左右，待切口干燥后插入排水好的干土中，大约1个月左右会生根。

▶ 木立芦荟（*Aloe arborescens*）、库拉索芦荟（*Aloe vera*）容易长出子株，所以可以通过分株进行繁殖。扦插同样要在干燥后进行。

▶ 要想培育小株植物，就不要频繁移栽，让根部集中在一起也可以培育出小巧、叶子形状美丽的植株。

▶ 移栽时要选择稍大一些的花盆，不要剪掉太多细根。移栽后1周内不要浇水。

（左页）二歧芦荟（*Aloe dichotoma*）最大可以长到10m高，是芦荟属中植株最大的品种之一。左边一株为了不让植株长得过大而在小盆中花了很长时间培育，所以根部紧凑、生长缓慢。右边一株树干较粗，但因为是扦插后长成的，所以根部较小，要随时观察根部的情况并放在日照充足的地方。一株搭配讲究的陶器花盆，一株搭配稳定粗糙的花盆，都是配合植株的特点选择的。

二歧芦荟从中心长出有厚度的叶子，很有魅力。种在花盆中时很少能自然分枝。

二歧芦荟的叶子会一直向上延伸，枯萎的叶子最终会脱落。叶痕过一段时间就会消失，茎部会更加有光泽，和叶子颜色形成对比，更显美丽。

木立芦荟的变种，根部长出很多子株。在子株生根前可以欣赏图中的样子，生根后就要分株。

和二歧芦荟很像的品种"多杈芦荟"（*Aloe dichotoma* subsp. *ramosissima*）。二歧芦荟可以长到10m，树干直径可达1m。而多杈芦荟从小就会不断分枝，因为尺寸容易配合室内装饰，所以很受欢迎。

很多片叶子像玫瑰花一样展开的绫锦（*Aloe aristata*），叶子上有细毛和白色斑点，很多片聚集在一起的样子十分美丽。植株的姿态和朴素的壶状花盆很搭。

"木立芦荟"的突变种，叶子有美丽的线状斑纹。与绿叶品种相比稍敏感，但只要不浇水过量，避免阳光直射，在明亮的室内就较容易培育。有斑纹的芦荟为了保持美丽的叶子颜色而不能让日照过于充足。

同样是芦荟，叶子的颜色、形状和花纹多种多样。将迷你尺寸的芦荟组合在一起摆放时，要统一花盆的风格，并加入不同的颜色作为点缀。再搭配自然界中芦荟的叶子和花的颜色，多盆芦荟也可以和谐地统一起来。

椰子芦荟（*Aloe striatula*）

不夜城芦荟（*Aloe perfoliata*）

第可芦荟"奥古斯丁（*Augustina*）"

索马里芦荟
（*Aloe somaliensis*）

百鬼夜行
（*Aloe longistyla*）

俏芦荟
（*Aloe jucunda*）

雪女王
（*Aloe albiflora*）

黑魔殿
（*Aloe erinacea*）

十二卷

Haworthia

是生长在岩石上或温差大的沙漠中的多肉植物。

在多肉植物中属于少见的喜欢明亮背阴处的植物。

有叶子半透明光线可以穿透的"软叶系",

以及叶形坚锐充满现代感的"硬叶系"。

两种类型的叶子都呈玫瑰花瓣状展开,

从植株中央开出百合科特有的花朵。

需要浇水时,叶子会变细,

而在寒冷时叶子会缺乏光泽,

新手也可以清楚地分辨出来,培育时要仔细观察。

软叶系的"玉露(*Haworthia cooperi*)",有半透明的"窗",透过光线看起来就像玻璃工艺品一样美丽。

学名	*Haworthia*
科 · 属	百合科 · 十二卷属
原产地	南非 · 纳米比亚南部
日照	日照充足处　非阳光直射处　明亮的背阴处
水分	喜水　普通　喜干

培育方法的要点

■ 关于光照

▶ 全年放在避开夏季直射阳光的明亮背阴处。

▶ 春天到秋天可以放在室外，不要忘记在霜降前移到室内。长期接受柔和光照能够开花。

■ 关于温度

▶ 15~35℃是合适的温度，相对畏寒，但如果温度低于0℃的话，被霜打到会枯萎。摆放在室外时，要在10月下旬搬回室内。

■ 关于水分

▶ 每周浇一次水，浇到水从花盆底部渗出为止。土壤湿润时不要浇水。十二卷会在夏季高温期休眠，如果此时以其他季节那样的方式浇水，就会腐烂。气温接近35℃后，只用在叶子变细的时候浇水，减少浇水次数。

■ 关于移栽

▶ 生长迅速，培育繁茂后植株会增加。要2年移栽一次，从花盆底部长出根部的植株要分株移栽。

■ 其他

▶ 通风不好、湿度过大时，下方的叶子会腐烂，如果置之不理，整个植株就会腐烂，所以必须切除腐败的部位，再将变色的部分全部切除。

▶ 叶子徒长时，原因可能是浇水过量或日照不足。为了不烂根，要移动到日照充足的地方进行观察。

▶ 因为摆放位置的日照和温度不同，叶子颜色会变化，所以要寻找能让植物保持叶子颜色美丽的位置。

▶ 不容易生害虫。

为了衬托软叶系的透明感而搭配了黑色的容器，选择了适合叶子高度和圆润程度的深盆。

原产于南非开普省的寿（*Haworthia retusa*）的叶子是三角形的，里面有线形纹路，给人以高冷的印象。

两种硬叶系十二卷：叶子像鹰爪一样向内部弯曲的鹰爪（*Haworthia reinwardtii*，左），叶子笔直地向周围伸展的条纹十二卷（*Haworthia fasciat*，右）。

草胡椒

Peperomia

分布在热带到亚热带地区，大约有 1000 种，
有直立品种和蔓生品种，是有时会附着在树木上生长的多肉植物。
市场上有丰富的品种，叶子的颜色和形状多种多样，花朵呈细长穗状。
喜欢柔和的光线，要避免阳光直射，
环境适合的话生长迅速，容易打理，所以适合新手培育。
因为很多品种的叶子具有独特的纹路和形状，
所以可以当作室内装饰中的点睛之笔。

像花坛一样将不同的品种种在一起。
因为培育方式相同，所以方便管理，
而且可以欣赏不同品种的鲜艳风貌。

学名	*Peperomia*
科·属	胡椒科·草胡椒属
原产地	全世界的热带—亚热带地区
日照	日照充足处　非阳光直射处　明亮的背阴处
水分	喜水　普通　喜干

■ 关于光照

▶ 喜欢柔和的日照，因此全年都要放在明亮的地方。
要注意，如果放在很阴暗的地方，茎部会徒长纤弱，
叶子也会失去光泽。

▶ 夏季的强烈日照会灼伤叶子，灼伤部位会变黑，叶
子也会卷曲。

关于温度

▶ 害怕夏季的闷热天气，所以要避开封闭场所，放在
通风好的地方。

▶ 放在室外时，要在夜间温度低于10℃时搬进室内。

关于水分

▶ 在土壤表面干燥后充分浇水，保持干燥。多肉质的
肥厚叶子和茎部能够储存水分，害怕过于潮湿的环境，
所以重点是放在背阴处时，要特别注意不要浇水过量。

▶ 特别是在梅雨季到夏季高温潮湿的季节里，要注意
控制浇水量。使用排水性好的赤玉土也有防止闷蒸的
效果。

人气很高的大株圆叶椒草（*Peperomia
obtusifolia*）种在可突出笔直茎秆的石
质器皿中，颇显稳重。它是生长速度较
快的品种。

蔓生性草胡椒。后方是垂椒草
（*Peperomia serpens*），
前方是四棱椒草（*Peperomia
quadrangularis*），搭配复古的
花盆摆在桌上用作装饰。

雪白豆瓣绿（*Peperomia nivalis*）的叶子肥厚有筋，为了衬托出叶子的水灵，选择了配合叶子颜色的木质花盆。

玫瑰花型的小型品种"皱叶椒草（*Peperomia caperata*）"，特点是叶子表面有皱褶。野生皱叶椒草一般生长在缝隙间，因此选择了自然材质的花盆，仿佛是从花盆中长出来的一样。

与椒草姿态相配的圆形花盆。考虑花盆和品种的搭配，整体构成了拼图一样的画面。

从左到右为：白脉椒草（*Peperomia tetragona*）、豆瓣绿（*Peperomia tetraphylla*）、剑叶豆瓣绿（*Peperomia pereskiifolia*）、绿色山谷（Green Valley）

按照叶子的大小和平衡排列，让人看不出来这些都是草胡椒的装饰方法，很有观赏性。

从左到右为：草胡椒（*Peperomia dendrophila*）、红边椒草"珠宝"（*Peperomia clusiifolia*'Jewelry'）、斧叶椒草（*Peperomia dolabriformis*）、四棱椒草

大戟

Euphorbia

在温带到热带分布广泛，

有一年生草本植物、多年生草本植物、多肉植物、灌木等多个种类。

大戟属多肉植物在室内绿植中较受欢迎，

多数品种有尖刺，特点是茎部和叶子的切口处会流出白色汁液。

它们生长在极度炎热干燥的环境中，

为了不被草食类动物吃掉，所以汁液有毒，长满了尖刺。

养护时要放在日照充足的地方，保持干燥。

绿玉树
（ *Euphorbia tirucalli* ）

夜光麒麟
（ *Euphorbia phosphorea* ）

魁伟玉
（ *Euphorbia horrida* ）

丘比格兰斯大戟
Euphorbia tubiglans

大正麒麟
（ *Euphorbia officinarum*
subsp. *echinus* ）

基
本
信
息

学名	*Euphorbia*
科·属	大戟科·大戟属
原产地	南非、全世界的热带—温带地区
日照	日照充足处　非阳光直射处　明亮的背阴处
水分	喜水　普通　喜干

培
育
方
法
的
要
点

■ 关于光照

▶ 喜光植物，在明亮的背阴处也能培育，但为了让植物更好地开花，要尽量让植物晒到太阳。

关于温度

▶ 畏寒，所以冬季要放在室内。有叶子的品种会因为寒冷而落叶并休眠。休眠的品种更耐寒。

关于水分

▶ 春天处于生长期，可以多浇水，但夏季要保持干燥。基本是春、秋两季 5~10 天浇水一次，夏天 10~20 天浇水一次，浇到花盆底部会有水流出。

▶ 寒冷季节浇水会让植株受冻，所以冬天 20~30 天浇一次，并要选在温暖的日子。浇水时要确认多肉部位没有受冻。放在室外或出现落叶时可以断水。

其他

▶ 由于植物的突变造成生长点变异，出现带状或不规则带状的突起，称为"缀化"。常见于包括大戟在内的多肉植物和仙人掌中，比较稀少，很多人会被其独特的形状所吸引。

在水泥花盆中种上迷你尺寸的大戟排成一排，本页最左边是缀化的膨珊瑚。

墨麒麟
（*Euphorbia canariensis*）

勇猛阁
（*Euphorbia ferox*）

膨珊瑚
（*Euphorbia alluaudii
subsp. oncoclada*）

硬叶麒麟
（*Euphorbia enterophora*）

贵青玉
（*Euphorbia meloformis*）

铁甲丸
（*Euphorbia blupleunfol*）

琉璃晃
（*Euphorbia susannae*）

"白鬼（White Ghost）"是带白斑的春峰（*Euphorbia lactea*）品种。很多人被它仿佛涂上了一层白色的独特的色彩所吸引。为了衬托出植株的白色而搭配了浅灰色的花盆。要放在避免夏季阳光直射、日照温和的地方，注意不要浇水过量。

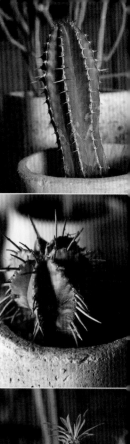

别名"绿珊瑚"的绿玉树在大戟中人气很高。具有耐阴性，是强健的品种，在灯光下也能生长。野生时可以长成好几米高的乔木。生长期时，在分叉的茎部尖端会长出小叶子。

集中种在长方形的花盆中，仿佛能够听到挤在一起的大戟们的声音。

各种各样的球根植物

多肉植物中有不少球根植物，它们有木质化的粗大根部及茎干。

膨起的根部像储水罐一样能够储存水分，这是为了在干燥的土地上生存而进化出来的。

基本要在日照充足的地方培育，注意冬天不能受寒。

从春天到秋天，在土壤表面完全干燥后浇水，冬天每月浇水一次。

大多数品种生长缓慢，像工艺品一样的形状很有魅力，对绿植爱好者很有吸引力。

密花棒槌树

学名	*pachypodium rosulatum ssp. gracilius*
科·属	夹竹桃科·棒槌树属
原产地	非洲大陆、马达加斯加岛
光照 日照充足处	水分 喜干

像从圆形球根部分伸出手脚一样很有亲切感。寒冷时会落叶，春天到夏天会重新长出新叶。没有叶子的时候处于休眠状态，因此要断水。

筒叶麒麟

学名	*Euphorbia cylindrifolia*
科·属	大戟科·大戟属
原产地	马达加斯加岛
光照 日照充足处	水分 喜干

枝条从膨胀的球根部分向四面八方延伸。白色的枝干和带有银色光泽的绿叶形成对比，葡匐状的枝条让人印象深刻，树形也多种多样。春天会开出不显眼但很可爱的米色花朵。

睡布袋

学名　*Gerrardanthus macrorhizus*

科·属　葫芦科·睡布袋属

原产地　东非—南非

光照　日照充足处　　水分　喜干

像肚子一样圆滚滚的球根部位略带绿色，图中是睡布袋中带斑纹的品种。藤蔓向外伸展，有柔软的叶子。这种植物能让人联想到非洲的绿洲，搭配了没有装饰的朴素花盆。

火星人

学名　*Fockea edulis*

科·属　夹竹桃科·水根藤属

原产地　南非

光照　日照充足处　　水分　喜干

被亲切地称为"火星人"，野生地在干燥的草原上或岩石嶙峋的地方，也有可以直接食用的品种。从球根的顶部长出藤蔓形状的枝条。无论是顺其自然地任其生长还是修剪出造型，都很富生趣。

通过修剪岩生酒瓶树来使它分枝，在笔直生长的树干上培育出茂盛的树枝形状。

根部形状有趣，自然的形态达到了完美的平衡，是具有有培育价值的植株。

岩生酒瓶树

学名　*Brachychiton rupestris*
原产地　澳大利亚
光照　日照充足处　　水分　喜干

喜光，要注意，日照不足的话生长会停止，植株变纤弱，也容易生害虫。在较干燥的环境下培育。因为枝干可以储存水分，要在土壤表面干燥后浇水，冬天在土壤干燥 3~4 天后浇水。

大岩桐

学名 *Sinningia*
科·属 苦苣苔科·大岩桐属
原产地 巴西、中南美洲
光照 日照充足处　**水分** 喜干

俗称"断崖女王"，有天鹅绒一般的叶子，花朵颜色是浅橙色。为搭配花色而选择了粉色的可爱花盆。大岩桐生长在高温潮湿地带的岩石或崖壁的低洼处等排水好的地方。要在日照充足处培育，从春天到秋天浇充足的水分，冬天断水。害怕闷蒸，因此应注意不让球根积攒水分。

叶子颜色和花纹独特的植物

观叶植物是要欣赏叶子的形状和色彩，自然界中有很多植物具有美丽的颜色和花纹，

在这里将为大家介绍其中很少的一部分。

每次见到这些植物时都能沉浸在它们的美丽中，感受到自然的神秘。

孔雀肖竹芋

学名	*Calathea makoyana*
科·属	竹芋科·叠苞竹芋属
原产地	美洲热带地区

光照	非阳光直射处	水分	普通

很多竹芋品种叶子上的花纹具有异国情调。图中的孔雀肖竹芋的叶子上有细致的纹路，很罕见。叶子表面是绿色，背面是红色，色彩对比鲜明，很有观赏性。阳光直射会伤到叶子，因此要放在避免阳光直射的明亮的室内。畏寒，冬季要保持温度和湿度。到了晚上，叶片有"睡眠运动"，会直立折叠。新芽色泽透亮、美丽、令人着迷。

变叶木

学名	*Codiaeum variegatum*
科·属	大戟科·变叶木属
原产地	马来半岛、西太平洋群岛—巴布亚新几内亚
光照	日照充足处　水分　普通

灌木，五彩缤纷的叶子充满魅力。不同品种的叶片花纹各不相同，有颜色红、黄、绿相间的品种，色彩十分丰富。喜光，日照充足时叶子颜色会变深、变鲜艳。因为畏寒，所以冬天要摆放在10℃以上的室内。

肖竹芋

学名	*Calathea 'Dottie'*
科·属	竹芋科·叠苞竹芋属
原产地	非洲热带地区
光照	非阳光直射处　水分　普通

黑底的叶子上布满粉色的鲜艳线条，是美丽且稀有的品种，叶子背面呈紫红色。培育方法请参考孔雀肖竹芋（P.122）。

波纹凤梨（左图）

学名	*Vriesea hieroglyphica*
科·属	凤梨科·丽穗凤梨属
原产地	巴西
光照	非阳光直射处　水分　普通

可以长到1m高的大型凤梨。长时间培育后会长出花茎，开淡黄色的花。畏寒，所以冬天要放在日照充足的室内，夏季则要避免阳光直射。横纹的叶子搭配竖纹的花盆，更能突显叶子的颜色和纹路。

浇水的方法很有特点。除了给土壤浇水以外，还要在筒状的叶子中留一些水分，但冬天植株会受冻，所以不要再在筒状叶子留下水分。

细斑粗肋草

学名 *Aglaonema commutatum*

科·属 天南星科·广东万年青属

原产地 亚洲热带地区

光照 非阳光直射处   水分 喜干

有直立品种、葡匐品种和藤本品种，叶子图案也多种多样。喜欢避免阳光直射的明亮场所和高温潮湿的环境。有一定的耐阴性，但日照不足容易生害虫，因此要观察日照的情况选择摆放地点。在土壤表面干燥后充分浇水，但浇水过量会造成徒长。

秋海棠

学名 *Begonia*

科·属 秋海棠科·秋海棠属   原产地 全世界的热带—亚热带地区

光照 明亮的背阴处   水分 喜干

秋海棠通过杂交而衍生出了很多品种。图中的秋海棠叶子像张开的手掌，叶子和茎部都生有薄薄的白毛。这种略带红色的暗绿色品种很罕见，会开出可爱的花朵。在土壤表面干燥后充分浇水，如果通风不好或浇水过量会造成闷蒸环境，甚至茎部腐烂，所以浇水后要特别注意放在通风好的地方。摆放在避免直射阳光的明亮背阴处，能保持叶子的颜色美丽。

黑叶观音莲

学名 *Alocasia × mortfontanensis*

科·属 天南星科·海芋属

原产地 亚洲的热带地区

光照 明亮的背阴处   水分 喜干

观音莲的园艺品种，光泽亮丽的绿色叶片中有银白色的叶脉，是观音莲中销量较高的品种，也是在初夏的绿色植物中很出挑的美丽植物之一。应注意不要浇水过量，摆放在避免阳光直射的明亮场所。特别是冬季，要摆放在温暖的室内。

网纹草

学名 *Fittonia verschaffeltii*

科·属 爵床科·网纹草属

原产地 南美洲

光照 非阳光直射处   **水分** 普通

正如名字一样，网纹草有美丽的网格状叶脉。生长期会长出很多叶子，从而变得茂密，所以要注意通风。过于茂盛时，可以反复摘心，让嫩芽多多生长，从而培育出繁茂的植株。全年避免阳光直射，但要注意日照不足会造成叶子纤弱。畏寒，冬天要放在温暖的室内。

索引

将本书中介绍的植物按照日照、水分的喜好分类。请作为购买时的参考。

注：不包括 P.122~125 中的"叶子颜色和花纹独特的植物"，请在各页中确认植物的基本信息。

日 照

特别喜光

从秋天到春天最好保证充分日照，夏天的直射阳光太强，要根据情况进行遮光。

喜欢柔和的光线

阳光直射会造成叶片灼烧，因此最好放在阳光能通过蕾丝窗帘照射（非阳光直射）的地方。

喜欢明亮的背阴处

放在稍微远离窗边但又不过分昏暗的背阴处。在太过昏暗的地方生长会衰弱，要观察植物的情况适当地照射阳光。

水 分

喜水

生长期尤其需要水分，也可以配合植物生长期在叶子上洒水。

干燥后充分浇水

通常要在土壤表面干燥后充分浇水。在生长缓慢的冬季，土壤的干燥速度变慢，要调整浇水的间隔。

喜干

喜欢湿度高的空气或根茎部有一些储水能力的植物。应注意，浇水过量会烂根。

特别喜干

生长在干燥地带的植物，叶子、根、茎部有储水能力。

INDOOR GREEN TO KURASU ERABIKATA KAZARIKATA SODATEKATA by TRANSHIP Copyright © TRANSHIP, 2016 All rights reserved.

摄　影　三木麻奈
插　图　竹田嘉文
设　计　根本真路
校　对　佐藤博子
编　辑　广谷绫子

Original Japanese edition published by Ie-No-Hikari Association Simplified Chinese translation copyright © 2019 by China Machine Press This Simplified Chinese edition published by arrangement with Ie-No-Hikari Association, Tokyo, through HonnoKizuna, Inc., Tokyo, and Shinwon Agency Co. Beijing Representative Office, Beijing.

本书由家の光協会授权机械工业出版社在中国境内（不包括香港、澳门特别行政区及台湾地区）出版与发行。未经许可之出口，视为违反著作权法，将受法律之制裁。

北京市版权局著作权合同登记 图字：01-2019-0576号。

参考文献

『観葉植物（山渓カラー名鑑）』（山と渓谷社）	《观叶植物（山溪彩色名录）》（山与溪谷社）
『観葉植物と暮らす』（ＮＨＫ出版）	《与观叶植物一起生活》（NHK出版）
『花図鑑　観葉植物・熱帯花木・サボテン・果樹』（草土出版）	《花图鉴 观叶植物·热带花木·仙人掌·果树》（草土出版）
『わかりやすい観葉植物の育て方』（大泉書店）	《简单易懂的观叶植物培育方法》（大泉书店）

图书在版编目（CIP）数据

绿植之美：80种文艺感观叶植物挑选·装饰·养护 /
日本花植旅人（TRANSHIP）著；佟凡译. — 北京：机械
工业出版社，2020.1（2023.5重印）
（养花那点事儿）
ISBN 978-7-111-63980-0

Ⅰ.①绿… Ⅱ.①日… ②佟… Ⅲ.①观赏植物 – 观赏园艺 Ⅳ.①S68

中国版本图书馆CIP数据核字（2019）第224429号

机械工业出版社（北京市百万庄大街22号　邮政编码100037）
策划编辑：于翠翠　　　　责任编辑：于翠翠
责任校对：刘雅娜　陈越　责任印制：李昂
北京瑞禾彩色印刷有限公司印刷

2023年5月第1版第5次印刷
187mm×260mm·8印张·168千字
标准书号：ISBN 978-7-111-63980-0
定价：59.80元

电话服务　　　　　　网络服务
客服电话：010-88361066　机 工 官 网：www.cmpbook.com
　　　　　010-88379833　机 工 官 博：weibo.com/cmp1952
　　　　　010-68326294　金 书 网：www.golden-book.com
封底无防伪标均为盗版　机工教育服务网：www.cmpedu.com